应急管理系列丛书

U0794540

# 情景式应急预案编制与管理

方文林 主编

中国石化出版社

## 内 容 提 要

本书是《应急管理系列丛书》之一，根据国家安监总局88号令和GB/T 29639—2013《生产经营单位生产安全事故应急预案编制导则》的要求编写而成。本书在介绍了重大突发事件情景构建的基础上，对基于"情景"的应急预案编制步骤和方法以及应急预案管理与实施进行了评述。同时为方便读者阅读，本书还附有应急预案示例和应急处置卡。

本书适用于生产经营单位安全、应急管理人员及专业技术人员进行应急培训和工作指导，也可供政府各级安全监督管理部门从事应急监督管理的人员作为参考用书，还可供本科生、研究生、科研人员学习参考。

**图书在版编目(CIP)数据**

情景式应急预案编制与管理 / 方文林主编.
—北京:中国石化出版社,2017.8(2025.12重印)
(应急管理系列丛书)
ISBN 978-7-5114-4555-1

Ⅰ.①情… Ⅱ.①方… Ⅲ.①突发事件-应急对策-研究 Ⅳ.①D035.34

中国版本图书馆CIP数据核字(2017)第171315号


**中国石化出版社出版发行**

地址:北京市东城区安定门外大街58号
邮编:100011 电话:(010)57512500
发行部电话:(010)57512575
http://www.sinopec-press.com
E-mail:press@sinopec.com
北京科信印刷有限公司印刷
全国各地新华书店经销

*

850毫米×1168毫米 32开本 3.25印张 80千字
2018年2月第1版 2025年12月第5次印刷
定价:18.00元

# 前　言

近年来，一些特别重大突发事件频繁发生，例如“12·23”开县井喷事故、“11·22”黄岛原油管道泄漏爆炸事故、“8·12”滨海新区危化品仓库爆炸事故等，给人们的生命安全、生存环境和财产造成了巨大的损失，同时也造成了极大的社会影响。国家和地方政府高度重视，出台了一系列应急法律法规、国家标准、行业标准和地方标准，规范应急预案的编制管理、应急演练的组织评估、应急物资装备的配备维护、应急管理的推进提高等工作。

如何应对和处置突发事件，是人类社会面对的重要课题。为了防止和减少生产安全事故，保障人民群众生命和财产安全，针对政府和企事业单位日常应急管理和突发事件的处置，编者结合情景构建的最新要求，采用底线思维的方法，对事故风险进行评估，对政府和企业的应急资源进行调查，对政府、专业救援队伍和企业应急能力进行分析，对应急预案进行评估完善，对我国的生产经营单位应急预案编制、应急演练策划、应急物资整备、应急培训、应急指挥和处置技术进行了全面的归类梳理，编写成了《应急管理系列丛书》，包括：《情景式应急演练策划与组织》《情景式应急预案编制与管理》《应急物资装备与应急人员培训》《应急指挥与处置》《应急处置案例分析》五个分册。

本册为《情景式应急预案编制与管理》。情景构建是一种应急准备策略，是结合大量历史案例研究、工程技术模拟对某类突发事件进行全景式描述(包括诱发条件、破坏强度、波及范围、复杂程度及严重后果等)，并依此开展应急任务梳理和应急能力评估，从而完善应急预案。开展风险分析、应急资源调查和应急预案评估，编制相对应的报告和应急处置卡，采用桌面推演的形式评审应急预案等内容，均是GB/T 29639和国家安监总局88号令最新要求，也是本书重点介绍的内容。

由于水平有限和时间仓促，书中不妥之处请各位提出宝贵意见和建议，以便再版时修正。

# 目录 CONTENTS

# 1 定义与术语

**突发事件** 是指突然发生，造成或者可能造成严重社会危害，需要采取应急处置措施予以应对的自然灾害、事故灾难、公共卫生事件和社会安全事件。

**事故情景** 针对生产经营过程中存在的危险源或有害因素而预先设定的事故状况(包括事故发生的时间、地点、特征、波及范围以及变化趋势等)。

**应急预案** 为有效预防和控制可能发生的事故，最大程度减少事故及其造成损害而预先制定的工作方案。针对可能发生的事故，为迅速、有序地开展应急行动而预先制定的行动方案。

**应急管理** 指突发事件的预防与应急准备、监测与预警、应急处置与救援、事后恢复与重建等应对活动。

**应急管理体制** 国家建立统一领导、综合协调、分类管理、分级负责、属地管理为主的应急管理体制。

**应急管理机制** 要建立健全社会预警体系，形成统一指挥、功能齐全、反应灵敏、运转高效的应急机制，提高保障公共安全和处置突发事件的能力。

**应急准备** 针对可能发生的事故，为迅速、科学、有序地开展应急行动而预先进行的思想准备、组织准备和物资准备。

**应急响应** 针对发生的事故，有关组织或人员采取的应急行动。

**应急救援** 在应急响应过程中，为有效控制事故、防止事故扩大、最大限度地降低事故造成的损失或危害而采取的救援措施或行动。

# 2 重大突发事件情景构建

## 2.1 重大突发事件情景组成与分类

重大突发事件情景实质上是反映经营单位的最主要风险，而不同的国家或地区由于经济社会发展水平，以及文化和自然环境的差异性，使其面对突发事件的风险有很大区别，需要对情景进行可选择性的分级与分类，这既可保证应急管理在整合水平上的一致性，又有利于对不同风险进行区别对待和实施分级和分层管理。一个主要基于风险特征的突发事件情景分级分类矩阵(见表2-1)，用一个简略矩阵形式，体现出事件情景的性质分类、强度级别、情景特点三个维度的特性。

表 2-1　突发事件情景分级分类矩阵

| 级别/性质 | 自然(N) | 技术(T) | 社会(S) | 合计 |
|---|---|---|---|---|
| 一级巨灾(危机) | 疫病大流行、特大地震、飓风 | 核泄漏、危险化学品泄漏 | 恐怖袭击(爆炸、生物袭击或核爆)、暴乱 | 7 |
| 二级灾难级 | 洪水、大坝失效、森林大火 | 特大交通事故、空难、海难 | 种族、宗教和经济纠纷等导致激烈冲突，网络袭击 | 8 |
| 三级事故(件)级 | 局地极端气象条件、地质灾害 | 工业与环境事故、重大火灾、重大交通事故 | 公共集聚、大规模工潮 | 7 |
| 合计 | 8 | 8 | 6 | 22 |

第一级为巨灾或危机级情景，是所有情景中最高级别，也可称其为国家突发事件情景。这类事件特点是极端小概率，严重威

胁公众群体生命安全与健康，对经济社会破坏力极强，损失严重，波及范围广泛，影响至全国，有时可超越国界，灾变情况十分复杂，常造成继发性或耦合性灾害，恢复十分困难，甚至难以恢复，需要动员国家力量才能应对的特别重大危机事件。矩阵表中试列出了7组巨灾(危机)情景。

第二级为灾难，一般是指事件发生概率相对较低，破坏强度很大，后果较为严重，波及范围超出几个市、可遍布全省乃至跨越省辖区，情况较为复杂，动员力度较大，较长时间才能恢复的重大突发事件。表2-1中试列出8项，可作为省辖区重大突发事件情景组。

第三级为事故或事件，主要是指发生概率相对较高，事件造成破坏强度有限，波及范围在市县级政府辖区范围之内，灾种较为单一，处置力度相对较小，较短时间即可恢复的突发事件。表中试列有7个情景组，这类基本属于市县辖区的突发事件情景。

我们已注意到，列入矩阵中的22个情景中并没有包括一些大家所熟知的具有影响的事件，但同样也可以发现，已提出的这些情景基本反映了各类突发事件共性特点和公共安全面临的主要威胁，这样基本可以保障用最少量的、最有代表性和最可靠的情景，明确应急准备的方向与范围，指导综合性应急预案的编制和组织培训与演练实施。

突发事件情景规划的事件分级不同于我国目前对突发事件的分级方法。在我国突发事件应对法和《国家突发公共事件总体应急预案》等相关法律法规文件中都是首先按照行政管理的领域划分成自然灾害、事故灾难、公共卫生事件和社会安全事件四个类别，然后依据每个类别不同类型事件的损失后果(人员伤亡或经济损失等)程度进行事件分级，即所谓先分类再分级的办法。突发事件情景规划的事件分级，主要强调事件本身的强度和应对的难易程度，尤其关注应急准备和应急响应与之相匹配的能力。因此，应急准备任务设置和应急响应能力要求成为突发事件情景规划中主体内容，对此，可以称之为基于事件强度和能力的分级思想。突发事件情景规划的这种分级方法有利于对所有各类事件进行分层管理。分级与分层是两个不同属性的概念，分层管理特别强调的是每一级政府或每一个单位应对突发事件的能力，无论突发事件类型、级别和预期后果如何，都必须从事发地最底层政府启动应急响应，应急管理权与指挥权是否转移至上一级，主要取决于应对能力。这样处置不但可充分发挥基层政府“第一时间响应”的作用，而且特别有利于实现属地为主原则和减少应急响应成本。

## 2.2 重大突发事件情景构建概念

情景构建中的“情景”不是某典型案例的片段或整体的再现，而是无数同类事件和预期风险的系统整合，是基于真实背景对某一类突发事件的普遍规律进行全过程、全方位、全景式的系统描述。“情景”的意义不是尝试去预测某类突发事件发生的时间与地点，而是尝试以“点”带面、抓“大”带小，引导开展应急准备工作的工具。理想化的“情景”应该具备最广泛的风险和任务，表征一个地区（或行业）的主要战略威胁。

情景构建是结合大量历史案例研究、工程技术模拟对某类突发事件进行全景式描述（包括诱发条件、破坏强度、波及范围、复杂程度及严重后果等），并依此开展应急任务梳理和应急能力评估，从而完善应急预案、指导应急演练，最终实现应急准备能力的提升。因此，情景构建是“底线思维”在应急管理领域的实现与应用，“从最坏处准备，争取最好的结果”。

情景构建与企业战略研究中的“情景分析”都是以预期事件为研究对象，但是应用领域和技术路线又不尽相同。情景分析法又称前景描述法，是假定某种现象或某种趋势将持续到未来的前提下，对预测对象可能出现的情况或引起的后果作出预测的方法，因此情景分析是一种定性预测方法；情景构建是一种应急准备策略，通过对预期战略风险的实例化研究，实现对风险的深入剖析，对既有应急体系开展“压力测试”，进而优化应对策略，完善预案，强化准备。

在传统应急管理中，实战演练之前往往开展情景设计，常规情景设计与重大突发事件情景构建无论在研究体量、研究目的，还是研究意义都存在着一定的差异，如表 2-2 所示。

**表 2-2　常规情景设计与重大突发事件情景构建差异表**

| 项目 | 重大突发事件(巨灾)情景构建 | 常规情景设计 |
|---|---|---|
| 构建基础 | 大量历史典型案例统计分析、预期风险评估、真实背景深层次调研 | 基于对典型案例和常规风险的认知 |
| 构建目的 | 面向应急准备 | 主要针对应急响应(侧重协同与处置) |
| 构建角度 | 全景式、全业务、全过程 | 侧重灾害的“事中”场景 |
| 体量差异 | 无数常规突发事件情景的时空耦合 | 灾害态势 |
| 支撑预案 | 预案体系(相关预案组合) | 侧重专项预案或操作预案 |
| 匹配演练形式 | 桌面演练，跨层级、跨部门演练(情景构建过程就是由若干桌面演练组成) | 常规演练(技能、业务演练) |
| 展现形式 | 面向各层级(决策领导层、业务处置层、公众响应层)的风险实例化表现与应急处置要点(含视频和文档) | 演练背景材料 |
| 指导意义 | 预案体系优化、演练规划设计、对照评估应急能力 | 明确演练场景、提高演练针对性 |

## 2.3　突发事件情景构建基本技术方法

突发事件情景构造从技术路线上大致可划分为三个主要阶段，详见图 2-1。

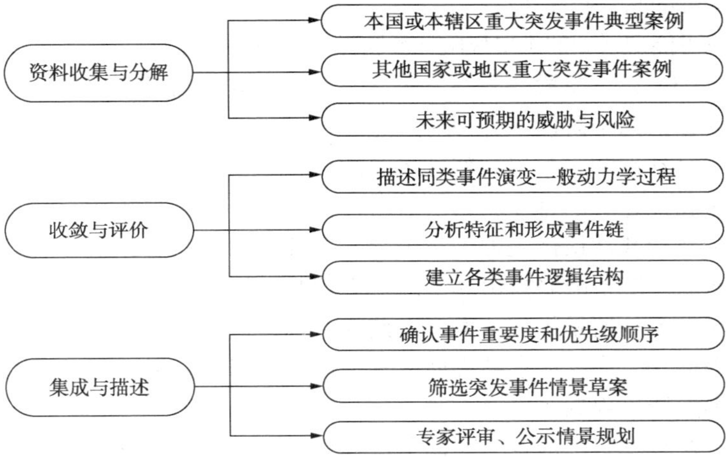


图 2-1　重大突发事件情景构建技术路线图

(1) 第一阶段——资料收集与分解

用于情景构建的资料与信息主要来源于三部分。一是近年来(至少应十年以上)国家或辖区内已发生的各类突发事件典型案例。这些案例要描述和解释事件的原因、经过、后果和采取的应对措施及其经验教训等；二是其他国家或地区类似重大突发事件的相关资讯；三是依据国际、国内和地区经济社会发展形势变化，以及环境、地理、地质、社会和文化等方面出现的新情况和新动向，预期可能产生最具有威胁性的非常规重大突发事件风险，包括来源与类型等。

(2) 第二阶段——以事件为中心的评估与收敛

依靠专业人员和专业技术方法列近乎海量的数据进行聚类和同化，这一阶段应完成三个主要任务：一是按时间序列描述事件发生，发展过程，分析事件演化的主要动力学行为，应特别关注焦点事件的涌现、处置及其效果；二是经过梳理和聚类，从复杂多变的“事件群”中凝练归纳出具有若干特征的要素，并聚结形成事件链，辨识不同事件的同、异性特点；三是建立各类事件的逻辑结构，同时，对未来可能遭遇到的主要风险和威胁做评估与聚类分析。

（3）第三阶段——突发事件情景的集成与描述

在前两个阶段工作基础上，按照事件的破坏强度、影响范围、复杂性和未来出现特殊风险的可能性，建立所有事件情景重要度和优先级的排序，再次对事件情景进行整合与补充，筛选出最少数和共性最优先的若干个突发事件情景。此后，则可依据国家对应急准备战略需求和实际能力现状，提出国家或本地区若干个突发事件情景规划草案，以此为蓝本，通过专家评审和社会公示等形式，广泛征求各方面意见，进一步修改完善，形成重大突发事件情景规划。

在突发事件情景构建的全过程，不但应该有政府官员，科学家和各类专业人员的直接参与，还要注意不断地征求来自社会各界的意见，尤其是注意倾听各类不同的社会反映，使情景能被绝大多数人理解和接受。同时，这一过程还有助于提高公众对重大突发事件风险感知力，尤其引导公众对未来风险（尚未发生事件）的关注。

## 2.4 突发事件情景的结构与内容

为确保应急准备和应急响应目标的一致性，所有的情景应遵循共同的框架结构，用同样的顺序和层次对情景进行描述。在图2-2中大概显示了基于三个维度的情景结构与内容。按照逻辑顺序，首先描述情景概要，其次是假设事件可能产生的后果，最后提出应对任务，应对任务是突发事件情景中最核心内容。

按照图2-2所显示的结构与内容，可对每个重大事件情景做具体描述和较细致刻画。下文以危险化学品恐怖袭击重大突发事件情景为例，其中又以沙林毒气扩散为代表，对该情景的概要、后果和应对任务等做一个简要示范。

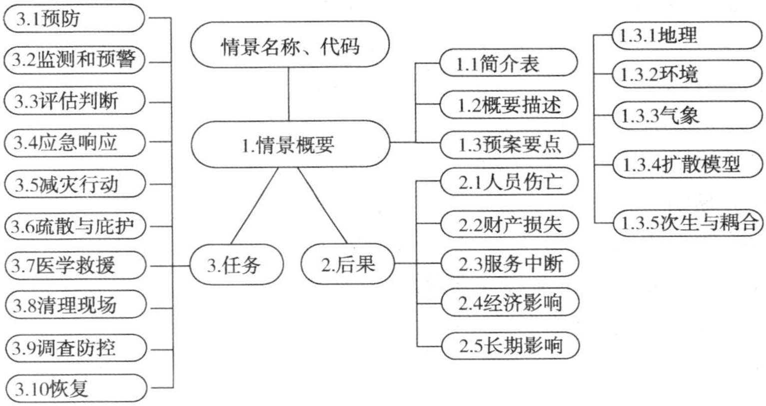


图 2-2　突发事件情景原型结构与内容模拟图

## 2.4.1　案例 1　重大危险化学品沙林毒气泄漏事件情景

（1）情景概要

① 沙林毒气扩散情景简介表(表 2-3)

表 2-3　沙林毒气扩散情景简介表

| | |
|---|---|
| 发生地点 | 大型公众聚集活动场所，地铁交通枢纽 |
| 伤亡情况 | 3800 人死亡、300 人受伤 |
| 疏散人口 | 10000 人被通知疏散避险 |
| 经济损失 | 2000 万元人民币 |
| 同时发生多次事件可能性 | 很可能 |
| 恢复时间 | 3 个月 |

② 情景概要描述

沙林(Sarin)是一种人造化学制剂，化学名称为甲基氟磷酸异丙酯，是剧毒的可吸入的神经毒气，纯净状态是透明、无色、无嗅和无味的液体。沙林在空气中蒸发形成蒸气并可蔓延扩散并迅速导致剧烈致死性伤害，（人类在吸入沙林后 1~10min 即可死亡）。由于沙林原料来源方便，制造工艺简单，且危害后果严重，所以成为最危险的恐怖袭击武器之一。这一情景中，敌对分子通常是将自制沙林投放予地铁这类环境较为封闭的交通站点，或通过通风系统把沙林蒸气释放到都市区的大型商业建筑物或大型会场中。沙林神经毒气扩散迅速，毒性又极高，可致污染区内的接触人绝大多数伤亡。另外，毒气还可向建筑外环境扩散，威胁下风向侧人员生命安全健康。

③ 制定应急预案要点提示

a. 地理信息

建筑物空间结构，最大可容纳人数，假定建筑物 20 层高，每层有 200 人，合计可容纳 4000 人。地铁列车中转站可达 1000~5000 人。

b. 环境条件

事发周边区域室外人口密度每平方公里 1500 人。

c. 气象条件

风速决定污染云团扩散速度、范围和稀释速率。当风速为 3~8m/s 时产生的危险性最大；高温时有利于毒气蒸气和以微细颗粒的气溶胶状态吸入肺内，当温度在 65~75℉时最利于毒气发生毒害作用；湿度高可影响毒气扩散和吸入，当湿度在 30%~40%范围时毒性才更易产生攻击性；雨雪天气可降低毒性气体的有害作用。当遇氢氧化钠等碱性物质时，沙林毒性可降低。

d. 毒气扩散模型

依据沙林毒气的物理化学特性，参照地理和气象条件给出不同条件下毒气扩散的实验模拟和数学模型，以及不同暴露人群的毒性负荷模型。沙林在地铁站台扩散 3D 模拟图如图 2-3 所示。

e. 次生与耦合事件

受影响区域人群恐慌造成挤压、踩踏和坠落，周边地区道路机动车事故，甚至出现社会混乱。

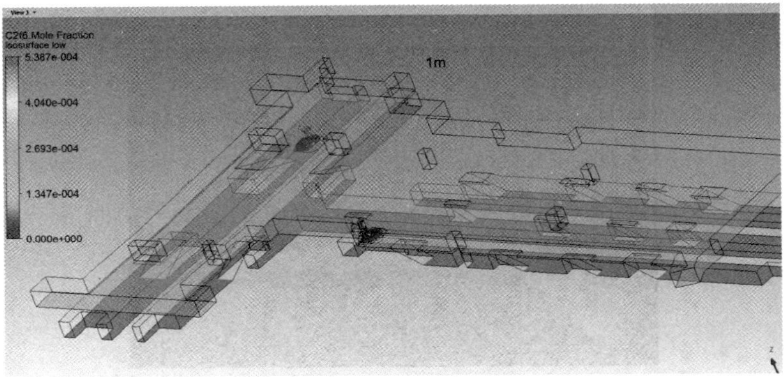


图 2-3　沙林扩散 3D 模拟图

（2）事件后果

① 人员伤亡

在一个 4000 人左右建筑物内初始死亡人数可达到 3800 人（95%），200 人受伤，神经系统可能受到永久性伤害。另外可能因恐慌逃生时发生坠落、挤压和交通事故，伤害包括肢体残缺、骨折和脑震荡等，死亡和受伤人数各为 100 人左右。这种危险的混乱一般持续 30min 左右。早高峰时站厅、站台空间使用频率如图 2-4 所示。

② 财产损失

直接财产损失主要来自对建筑消毒、清理和恢复以及设备设施的更新。

③ 服务中断

建筑物很难在短期恢复正常使用，辖区行政管理受到冲击，医疗卫生、通信网络和公共服务系统受影响很大，短期内很难形成应对再次发生重大突发事件的准备能力。

④ 经济影响

现场恢复重建和业务重新开业成本可达数亿元人民币，公众对

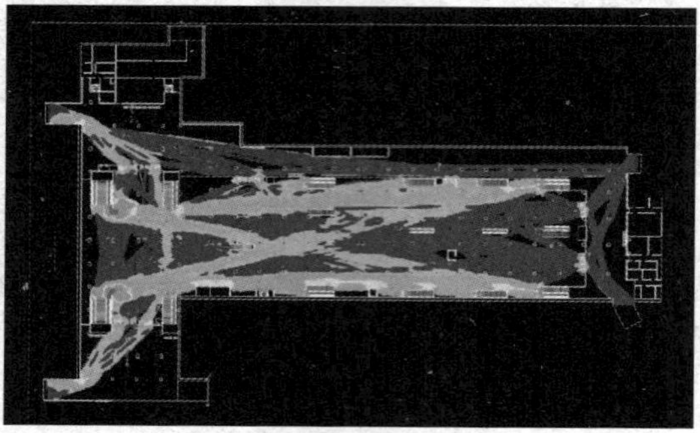
(a)站厅层早高峰空间使用频率

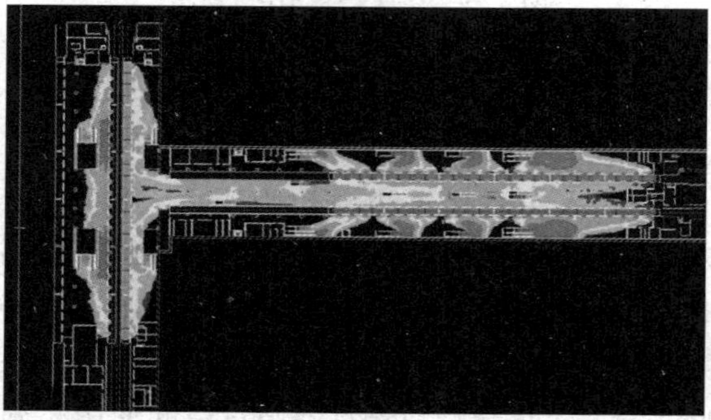
(b)站台层早高峰空间使用频率

图 2-4　站厅、站台早高峰空间使用频率

消费失去信心，甚至造成经济衰退。

⑤ 长期健康影响

幸存者 4~6 个月才能康复，许多人神经系统受到永久性损伤，对遇难者亲友、受伤者和经历过这次事件的公众乃至应急人员心理健康具有灾难性影响。

（3）应对任务

① 预防

严格控制相关化学武器材料（CWM）进口、生产、销售的所有环节，加强对使用相关材料单位和个人的监控，对具备制造沙林条件的实验室实行注册申报管理，在公共场所严加专项检查，在高风险场所明显加强警卫。

② 监测和预警

神经毒气泄漏后，立即发出警报并派遣专业人员现场采样、检测、监测和危害评估。应急管理人员应有能力尽量在大规模伤亡之前识别出化学毒气种类和估量出可能产生伤亡的程度和范围，保护进入现场的应急人员安全。

③ 评估研判

依据已搜集的情报信息，从专业角度对事件原因、演变过程、灾难后果、预期困难和应对措施效果及其负面影响进行分析，为指挥行动做出初始评估并提出方案建议。可使用事先设定的各种数学模型针对现场环境与天气等实际情况推算毒气扩散速率、范围和现场变化，并给出以沙林扩散源点为中心的个人风险值的等值线图和社会风险值的函数图。

④ 应急响应

应急指挥平台和联合信息中心激活后，立即开展应急响应行动，持续发出警报和各类应急响应通告，与参加响应活动的相关单位建立联系和保持通畅，加强对重要基础设施和特殊人群的保护，为现场提供必备资源，接受申请和求救资讯并作出反应。

以联合信息中心为主要平台，统一对外发布事件相关信息，使公众和媒体尽快了解事件真相并鼓励公众积极配合相关应急响应活动。

⑤ 减灾行动

毒气泄漏后立即建立隔离区和警戒带，划定危险区域，保护现场，协调指挥现场救援活动，减少灾害后果。

⑥ 疏散与庇护

对紧急疏散现场和下风侧危险区域人员，应急指挥部应立即启动预设的避难场所和设施，有组织接待和保护已暴露或有暴露风险的人员，为其提供有效服务；可启动应急指挥疏散的模拟推演系统，对大规模人群疏散活动进行组织干预。

⑦ 医学救援

事件发生可致数万人受到不同程度的污染，这些人都需进行健康监护，可能需要对数万人立即进行现场急救并送医院治疗，应急管理中心和医疗单位立即进入“紧急医疗”状态：灾情通报、急救、搜索、救护、治疗、患者筛检、分诊、净化处置、病人运送、住院家属通知和病人状态统计报告。

收集、核实死者遗体并采取保护措施，采集影像和遗传学资料并建立死者备查档案。

⑧ 清理现场

在确定安全前提下，及时对现场清污、消毒处理，需无危害处理污染废物，定时环境监测并及时报告。

对危险化学品物品、用具和武器严格管控和处理。

⑨ 调查防控

对制造恐怖袭击嫌疑人调查、控制、追踪和抓捕。

⑩ 恢复

取消应急响应状态，对事件全过程进行调查评估，完善应急准备体系，使之能更有效应对下一次重大突发事件。

### 2.4.2 案例 2 某化工园区爆炸导致危化物质泄漏情景

(1) 构建依据

依据《石化行业重大突发事件情景构建技术指南》构建，以某临港经济区为情景背景。

(2) 计算与模拟(底线思维)

见图 2-5。

(3) 情景事件后果研究

① IDLH 标准以上浓度覆盖范围约 25km$^2$，见图 2-6。

② 危险工艺紧急停车，见图 2-7。

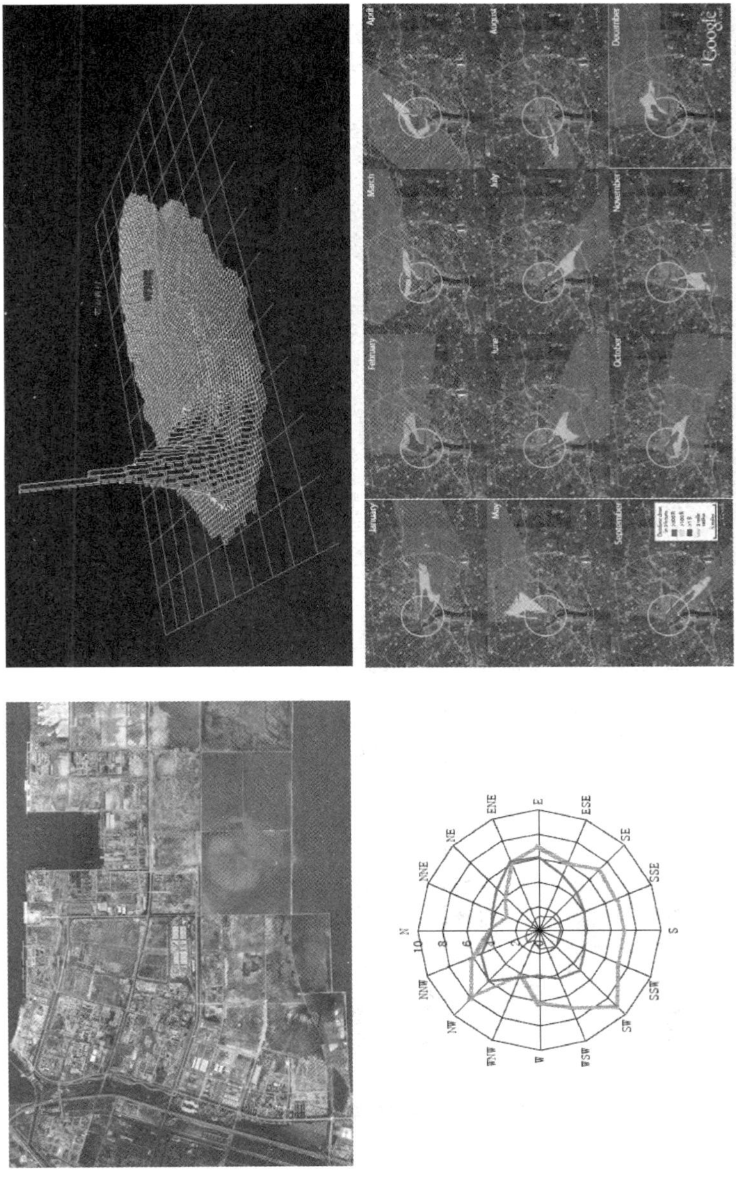
January
February
March
April
May
June
July
August
September
October
November
December
Google
N
NNE
NE
ENE
E
ESE
SE
SSE
S
SSW
SW
WSW
W
WNW
NW
NNW
10
8
6

图2-5 模拟扩散图

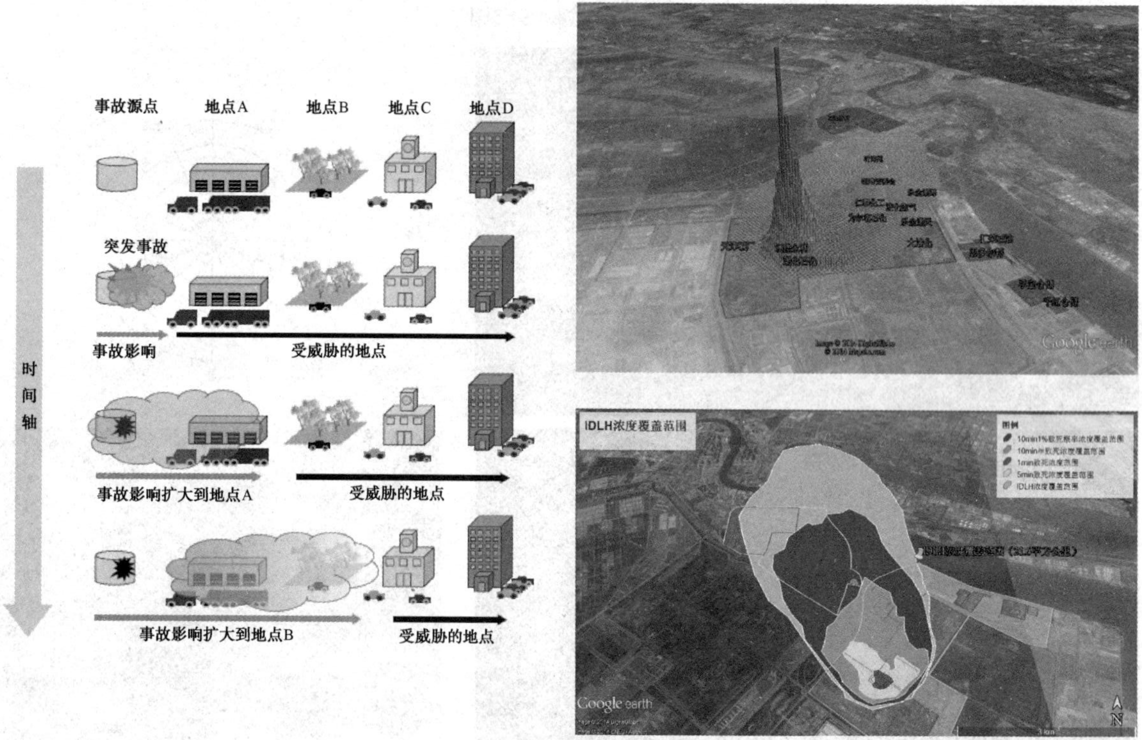


图2-6　IDLH浓度后果覆盖范围

③ 业务中断与财产损失，见图 2-8。

④ 社会影响，见图 2-9。

体现在：

- 公众的影子疏散；
- 社会恐慌采购；
- 医院患者激增；

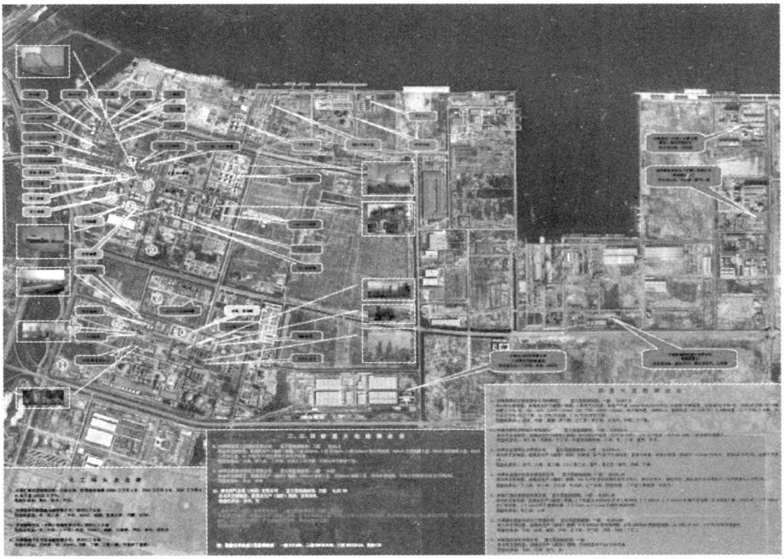

(a)

图 2-7　需紧急停车危险工艺范围

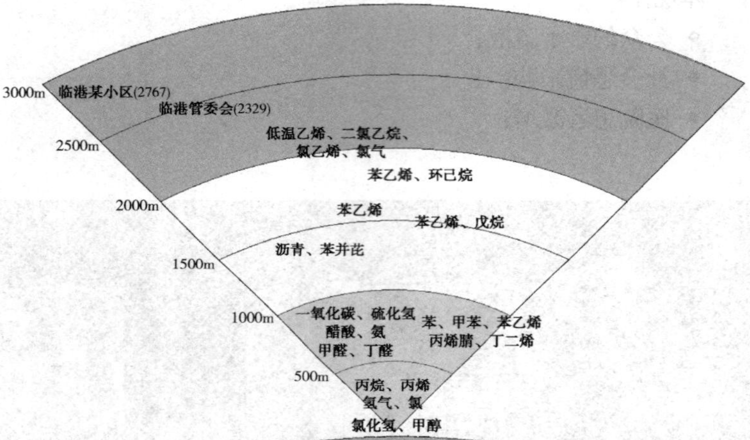
3000m
临港某小区(2767)
临港管委会(2329)
低温乙烯、二氯乙烷、
氯乙烯、氯气
2500m
苯乙烯、环已烷
2000m
苯乙烯
苯乙烯、戊烷
沥青、苯并芘
1500m
1000m
一氧化碳、硫化氢
醋酸、氨
甲醛、丁醛
苯、甲苯、苯乙烯
丙烯腈、丁二烯
500m
丙烷、丙烯
氢气、氯
氯化氢、甲醇

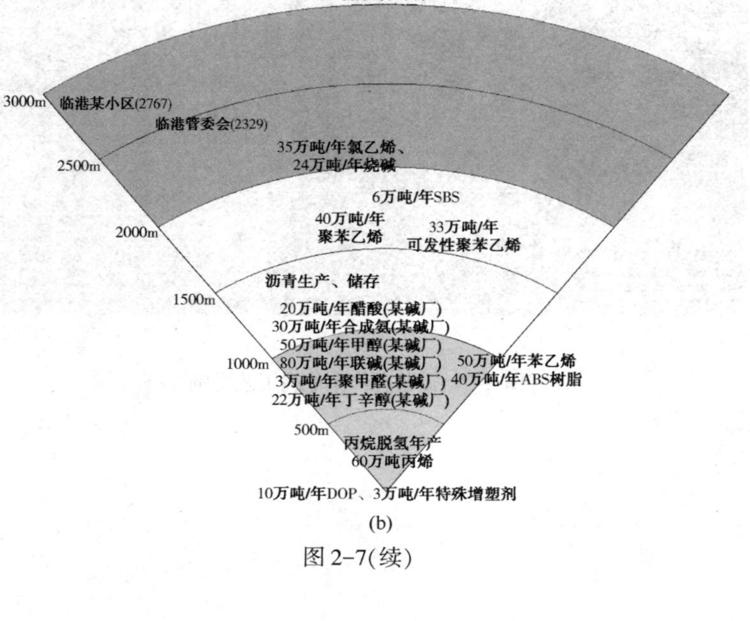
3000m
临港某小区(2767)
临港管委会(2329)
35万吨/年氯乙烯、
24万吨/年烧碱
2500m
6万吨/年SBS
40万吨/年
聚苯乙烯
33万吨/年
可发性聚苯乙烯
2000m
沥青生产、储存
1500m
20万吨/年醋酸(某碱厂)
30万吨/年合成氨(某碱厂)
50万吨/年甲醇(某碱厂)
1000m
80万吨/年联碱(某碱厂)
3万吨/年聚甲醛(某碱厂)
22万吨/年丁辛醇(某碱厂)
50万吨/年苯乙烯
40万吨/年ABS树脂
500m
丙烷脱氢年产
60万吨丙烯
10万吨/年DOP、3万吨/年特殊增塑剂

(b)

图 2-7(续)

(b) 航道、码头业务中断

(a) 事故核心区域(×××公司)的设备大部分损毁，共损失40亿~50亿元

(c) 相关公用工程、公用管廊损毁

图 2-8 业务中断和财产损失范围

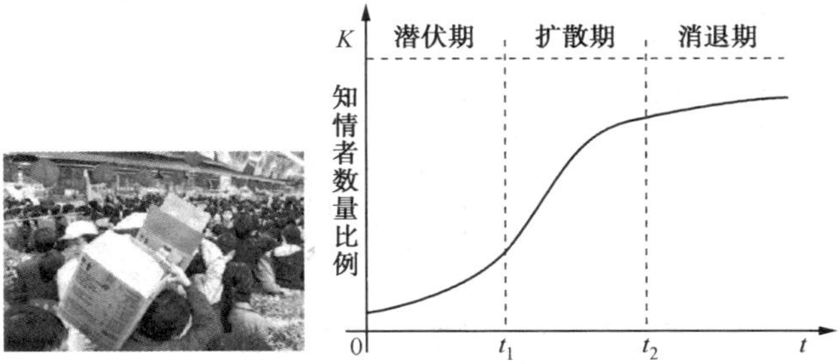


谣言 = (事件)关注度 × (事件)模糊度 × (事件)反常度

图 2-9 社会影响范围

### 2.4.3 案例 3 石油化工行业重大突发事件情景构建

详见图 2-10。

组织架构：

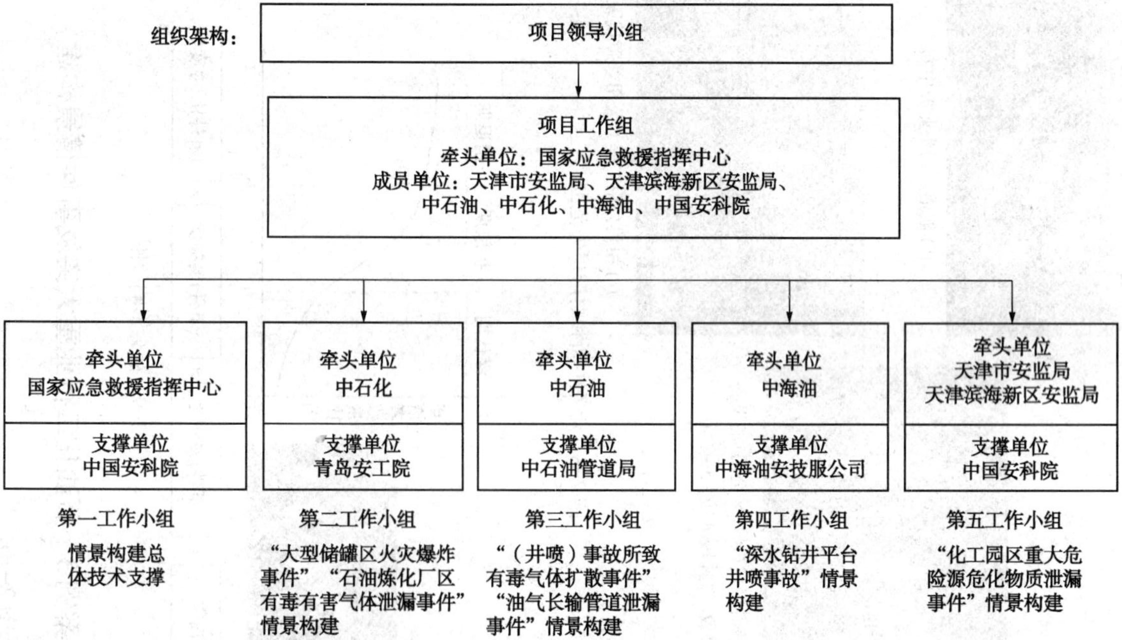


图2-10　石油化工行业重大突发事件情景构建

## 2.5　重大突发事件情景构建的作用

重大突发事件情景构建是应急预案制定的重要基础。

重大突发事件情景构建是应急预案制定工作的中心点，规划中列出的这些情景是未来可能面对的最严重威胁的“实例”，因而，在国家和地方应急预案中应得到最优先的关注和安排。按照“情景—任务—能力”应急预案编制技术路线，情景规划可对应急预案管理每个主要环节都发挥关键性作用。

基于“情景”的应急预案编制本质上是危害识别和风险管理的过程，其主要内容包括特殊风险分析、脆弱性分析和综合应急能力评估三大部分，这三大部分都为应急预案制定修订提供重要技术支撑。事件情景清晰刻画了未来可能面对的最主要威胁，描述了事件可预期的演变过程和可能涌现的“焦点事件”，事件情景所提供的地质、地理条件、社会环境和气象条件，都可成为制定应急预案的重要参考。这些内容对设定应急预案的方向、目标、结构和内容都有指导意义。

在情景规划中，有一大部分内容是各部门和各单位在某一事件中需承担和完成的各类应急任务要求，这些任务不但涵盖了预防、监测预警、应急响应和现场恢复等各项工作，而且比较细致地描述了每个单位或职责岗位的具体活动，有助于对应急预案的职责和内容进行整合与分配，避免职能的重叠与交叉，保障应急响应指挥协调的通畅。

无论是应急准备，还是应急预案，其核心目标都是应急响应能力建设。“情景”通过事件后果评估和应急响应任务设置，对通用能力和预防、保护、响应和恢复四种职责能力都规范了明确要求，同时，也可为应急能力考核、评估提供衡量标准。

# 3 应急预案编制与修订

应急管理的"一案三制"中，一案就是应急预案，相关内容详见图 3-1。

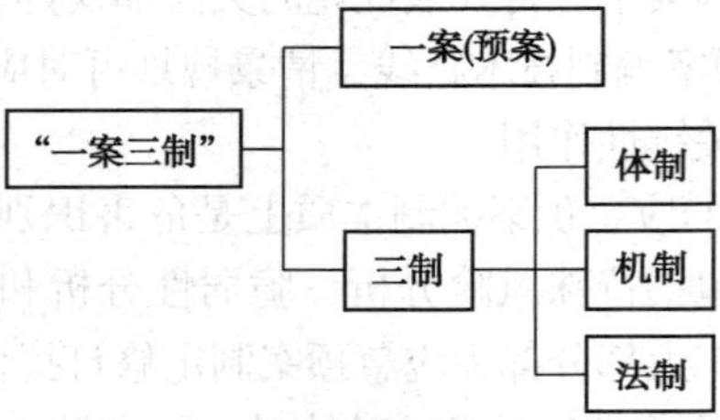


图 3-1 应急管理"一案三制"

事故应急救援预案有三个方面的含义：

(1) 事故预防。通过危险辨识、事故后果分析，采用技术和管理手段降低事故发生的可能性且使可能发生的事故控制在局部，防止事故蔓延。

(2) 应急处理。万一发生事故(或故障)有应急处理程序和方法，能快速反应处理故障或将事故消除在萌芽状态。

(3) 抢险救援。采用预定现场抢险和抢救的方式，控制或减少事故造成的损失。

## 3.1 应急预案、现场处置方案的编制

应急预案又称应急计划或应急方案。针对可能发生的事故，为迅速、有序地开展应急行动、降低人员伤亡和经济损失而预先制定的行动计划或工作方案。其主要目的是在事故发生前，明确事前、事发、事中、事后的各个过程中，谁来做、怎样做、何时

做以及相应的应急资源和策略准备等。

编制应急预案是危险化学品从业单位应急管理的核心工作内容之一，是开展应急救援工作的重要保障。必须以科学的态度，在全面调查的基础上，实行领导、一线职工与专家相结合的方式，开展科学分析和论证，使应急预案真正具有科学性。同时，应急预案应符合使用对象的客观情况，具有实用性和可操作性，以利于准确、迅速控制事故。

## 3.2 应急预案编制(修订)程序

应急预案的编制(修订)过程按照阶段性目标来考虑，可分为前期准备、预案编写、预案的评审和发布实施三个阶段，见图3-2(a)。生产经营单位应急预案编制程序包括成立应急预案编制工作组、资料收集、风险评估、应急资源调查、应急预案编制、推演论证、应急预案评审和批准实施8个步骤，见图3-2(b)。

### 3.2.1 成立应急预案编制工作组

结合本单位部门职能和分工，成立以单位相关负责人为组长，单位相关部门人员参加的应急预案编制工作组，明确工作职责和任务分工，制定工作计划，组织开展应急预案编制工作，预案编制工作组中可按实际情况邀请周边相关企业、单位或社区代表参加。

成立应急预案编制工作组是将各有关职能部门、各类专业技术人员有效结合起来的最佳方式，可有效地保证应急预案的准确性、完整性和实用性，而且为应急各方提供了一个非常重要的协作与交流的机会，有利于统一应急各方的不同观点和意见。

应急预案编制工作组应具有代表性、权威性，需要投入大量的时间和精力，所以编制(修订)队伍的组建取决于企业的作

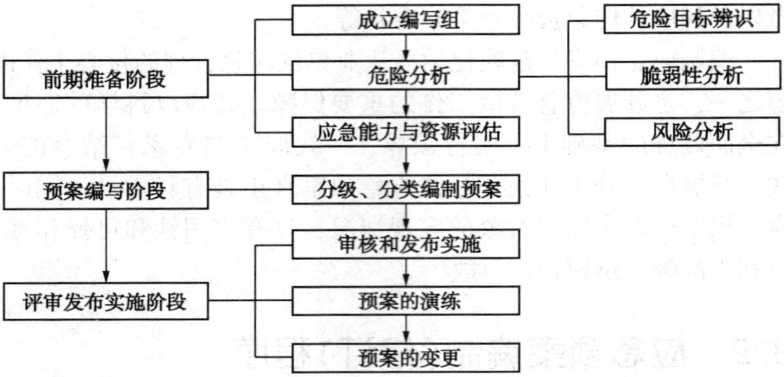


(a)

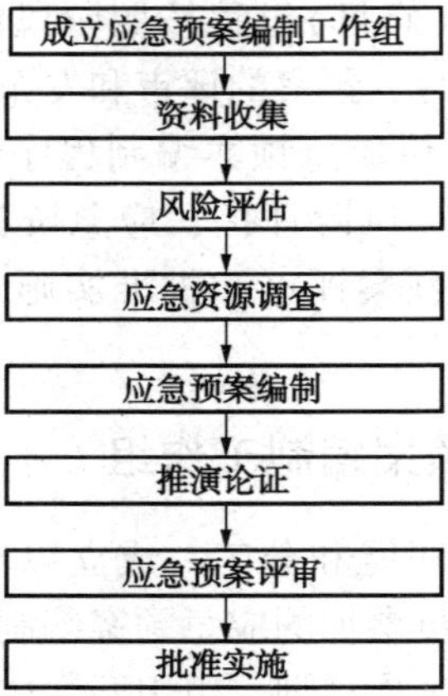


(b)

图 3-2　应急预案的编制程序图

业、风险和资源的具体情况。预案编制(修订)小组组长最好由企业高层领导担任，这样可以增强预案的权威性，促进工作的实施。

应急预案的编制(修订)应该坚持“谁主管，谁负责”“谁使用，谁编制”的原则：应急预案的编制、修订和实施不能由企业的安环部门来全部承担。应急预案的编制(修订)应由企业安环部门制定总体应急预案，并提供专项应急预案的格式；各专项应急预案必须由业务主管部门来组织编制并负责实施；现场处置方案由一线从业人员全面参与、反复完善并具体实施。

### 3.2.2　资料收集

应急预案编制工作组应收集与预案编制工作相关的法律法规、技术标准、应急预案、国内外同行业企业事故资料，同时收集本单位安全生产相关技术资料、历史事故与隐患、地质气象水文、周边环境影响、应急资源及应急人员能力素质等有关资料。

### 3.2.3　风险评估

开展生产安全事故风险评估，撰写评估报告，主要内容包括：

(1) 分析生产经营单位存在的危险因素，确定可能发生的生产安全事故类型；

(2) 分析各种事故类型发生的可能性和后果，确定事故具体类别及级别；

(3) 评估现有事故风险控制措施及应急措施存在的差距，提出应急资源的需求分析。

风险评估是确定突发事件、应急预案编制(修订)的基础和关键过程。一个企业或单位到底有哪些风险比较大的突发事件，到底应该编制哪些应急预案呢？为此应开展风险评估工作，预案编制(修订)小组首先应进行初步的资料收集，包括相关法律法规、应急预案、技术标准、国内外同行业事故案例分析、本单位技术资料、重大危险源等。

在危险因素辨识分析、评价及事故隐患排查、治理的基础上，确定本区域或本单位可能发生事故的危险源、事故的类型、影响范围和后果等，并指出事故可能产生的次生、衍生事故，形成风险评估报告，评估结果就是确定的突发事件，作为专项应急预案的编制依据。

编制大纲如下：

**生产安全事故风险评估报告编制大纲**

A. 1　总则

A. 1. 1　编制原则；

A. 1. 2　编制依据；

包括：政策法规、技术指南、标准规范、其他文件。

A. 2　生产经营单位基本概况

A. 2. 1　生产经营单位基本信息；

A. 2. 2　生产经营单位危险有害因素辨识情况；

A. 2. 3　生产经营单位安全生产管理情况；

A. 2. 4　现有事故风险防控与应急措施情况。

A. 3　事故发生可能性及其后果分析

A. 3. 1　事故情景分析；

A. 3. 2　事故发生可能性分析；

A. 3. 3　事故的危害后果和影响范围分析。

A. 4　划定事故风险等级

A. 5　现有控制及应急措施差距分析

A. 6　制定完善生产安全事故风险防控和应急措施

A. 7　评估结论

## 3. 2. 4　应急资源调查

全面调查本单位应急队伍、装备、物资、场所等应急资源状况，以及周边单位和政府部门可请求援助的应急资源状况，分析应急资源性能可能受事故影响的情况，并根据生产经营单位风险评估得出的应急资源需求，并提出补充应急资源、完善应急保障的措施，应急资源调查报告编制大纲如下：

**生产安全事故应急资源调查报告编制大纲**

B. 1　总则

B. 1. 1　调查对象及范围；

B. 1. 2　调查目的；

B. 1. 3　调查依据；

B. 1. 4　调查工作程序。

B. 2　生产经营单位概况

B. 2. 1　生产经营单位基本信息；

B. 2. 2　生产经营单位主要风险状况。

B. 3　企业应急资源

按照应急资源的分类，分别描述相关应急资源的基本现状、功能完善程度、受可能发生的事故的影响程度等。

B. 4　周边社会应急资源调查

描述本企业能够调查或掌握可用于参与事故处置的相关社会应急资源情况。

B. 5　应急资源不足或差距分析

重点分析本单位的应急资源以及周边可依托的社会应急资源是否能够满足应急需要，本单位应急资源储备及管理方面存在的问题、不足等。

B. 6　应急资源调查主要结论

针对应急资源调查后，形成基本调查结论。

B. 7　制定完善应急资源的具体措施

提出完善本单位应急资源保障条件的具体措施。

B. 8　附件

附上应急资源调查后的明细表。

### 3. 2. 5　应急预案编制

依据事故风险评估及应急资源调查结果，结合本单位组织管理体系、生产规模等实际情况，合理确立本单位应急预案体系。结合组织管理体系及部门业务职能划分，科学设定本单位应急组织机构及职责。依据事故可能的危害程度和区域范围，结合应急处置权限及能力，清晰界定本单位的响应分级标准，制定相应层级的应急处置措施。按照有关规定和要求，确定信息报告、响应分级、指挥权移交、警戒疏散等方面的内容，落实与相关部门和单位应急预案的衔接。

应急预案编制应当遵循以人为本、依法依规、符合实际、注重实效的原则，以应急处置为核心，体现自救互救和先期处置的特点，做到职责明确、程序规范、措施科学，尽可能简明化、图表化、流程化。应急预案编制格式和要求如下：

**应急预案编制格式和要求**

C.1　封面

应急预案封面主要包括应急预案编号、应急预案版本号、生产经营单位名称、应急预案名称、颁布日期等内容。

C.2　批准页

应急预案应经生产经营单位主要负责人批准方可发布。

C.3　目次

应急预案应设置目次，目次中所列的内容及次序如下：

- 批准页；
- 应急预案执行部门签署页；
- 章的编号、标题；
- 带有标题的条的编号、标题（需要时列出）；
- 附件，用序号表明其顺序。

C.4　印刷与装订

应急预案推荐采用A4版面印刷，活页装订。

按照法律、法规和《生产经营单位安全生产事故应急预案编制导则》（GB/T 29639）等的要求编制（修订）应急预案。

应急预案编制(修订)过程中,应注重编制人员的参与和培训,充分发挥他们各自的专业优势,使他们均掌握危险分析和应急能力评估结果,明确应急预案的框架、应急过程行动重点以及应急衔接、联系要点等。同时,编制的应急预案应充分利用社会应急资源,考虑与政府应急预案、上级主管单位以及相关部门的应急预案相衔接。

在编制应急预案时,要充分的理清每个层级在突发事件应急处置中应起到什么作用,要针对突发事件应急处置各环节,落实“什么事”“做什么”“谁来做”“怎么做”,决不可模棱两可,含含糊糊。

企业或单位应当根据有关法律、法规,结合本单位的危险源状况、危险性分析情况和可能发生的事故特点,制定相应的应急预案。生产经营单位的应急预案按照针对情况的不同,分为综合应急预案、专项应急预案和现场处置方案,综合应急预案、专项应急预案和现场处置方案之间应当相互衔接,并与所涉及的其他单位的应急预案相互衔接。

企业或单位的风险种类多、可能发生多种事故类型的,应当组织编制本单位的综合应急预案。综合应急预案应当包括本单位的应急组织机构及其职责、预案体系及响应程序、事故预防及应急保障、应急培训及预案演练等主要内容。

对于某一种类的风险,生产经营单位应当根据存在的重大危险源和可能发生的事故类型,制定相应的专项应急预案。专项应急预案应当包括危险性分析、可能发生的事故特征、应急组织机构与职责、预防措施、应急处置程序和应急保障等内容。

对于危险性较大的重点岗位,生产经营单位应当制定重点工作岗位的现场处置方案。现场处置方案(预案)应当包括危险性分析、可能发生的事故特征、应急处置程序、应急处置要点和注意事项等内容。

应急预案应当包括应急组织机构和人员的联系方式、应急物资储备清单等附件信息。附件信息应当经常更新,确保信息准确有效。

应急预案编制的基本要求：

- 符合有关法律、法规、规章和标准的规定；
- 结合本地区、本部门、本单位的安全生产实际情况；
- 结合本地区、本部门、本单位的危险性分析情况；
- 应急组织和人员的职责分工明确，并有具体的落实措施；
- 有明确、具体的事故预防措施和应急程序，并与其应急能力相适应；
- 有明确的应急保障措施，并能满足本地区、本部门、本单位的应急工作要求；
- 预案基本要素齐全、完整，预案附件提供的信息准确；
- 预案内容与相关应急预案相互衔接。

各类各级应急预案的功能和作用不同，预案编制的要求也就各异，不能千篇一律，必须注重其针对性。预案层次越高，原则性与总括性应该越强，这样可发挥对下级的普遍指导作用，如中国石化重特大事件总体应急预案。预案层次(见图 3-3)越低或涉及突发事件越专业，应急预案就应该越具体，具体到每一个岗位，具体到每一个动作，具体到每一个位号。

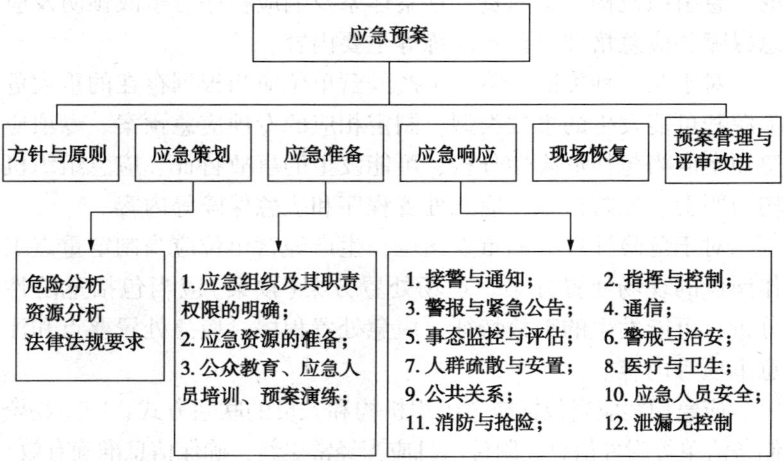


图 3-3　应急预案层次图

### 3.2.6　推演论证

按照应急预案明确的职责分工和应急响应程序，相关部门及其人员可采取桌面推演的形式，模拟生产安全事故应对过程，逐步分析讨论，检验应急预案的可行性，并进一步完善应急预案。

### 3.2.7　应急预案评审

#### 3.2.7.1　评审形式

应急预案编制完成后，生产经营单位应组织评审或论证。参加应急预案评审的人员应当包括有关安全生产及应急管理方面的专家。应急预案论证可通过推演的方式开展。

#### 3.2.7.2　评审内容

应急预案评审内容主要包括：基于风险评估和应急资源调查的结果，从应急预案体系设计的针对性、应急组织体系的合理性、应急响应程序和措施的科学性、应急保障措施的可行性、应急预案的衔接性等方面进行评审。

#### 3.2.7.3　评审程序

应急预案评审程序包括以下步骤：

（1）评审准备。成立应急预案评审工作组，落实参加评审的单位或人员，将应急预案、编制说明、风险评估及应急资源调查报告和其他有关资料在评审前送达参加评审的单位或人员。

（2）组织评审。评审采取会审形式，会议由参加评审的专家共同推选出的组长主持，按照议程组织评审；表决时，必须有不少于出席会议专家人数的四分之三同意方为通过；评审会议应形成评审意见(经评审组组长签字)，附参加评审会议的专家签字表。表决的投票情况，应当以书面材料记录在案，并作为评审意见的附件。

（3）修改完善。生产经营单位应认真分析研究，按照评审意见对应急预案进行修订和完善。评审表决不通过的，生产经营单位应重新组织专家评审。

### 3.2.8 批准实施

通过评审的应急预案，由生产经营单位主要负责人签发实施。

## 3.3 应急预案的结构形式

不同层次的企业，编制的应急预案共有四种结构形式，分别是："1+n"(即1个总体预案+n个专项预案)、"一线式"、"图表结构"和"卡片结构"，企业应根据层级的不同和规模的大小选择相应的结构形式。

应急预案结构层次见图3-4，应急预案文件层次见图3-5。

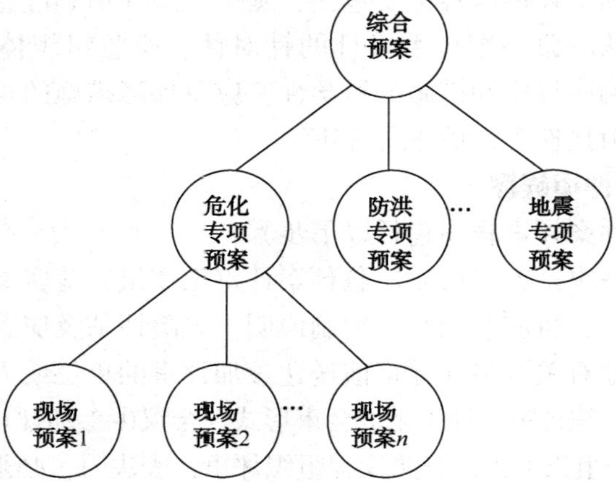


图3-4 应急预案结构层次图

### 3.3.1 "1+n式"结构形式

直属企业、下设有基层单位的二级单位应急预案采用"1+n"的结构，主件部分应包括封面、目录、综合预案和专项预案、附件等内容。

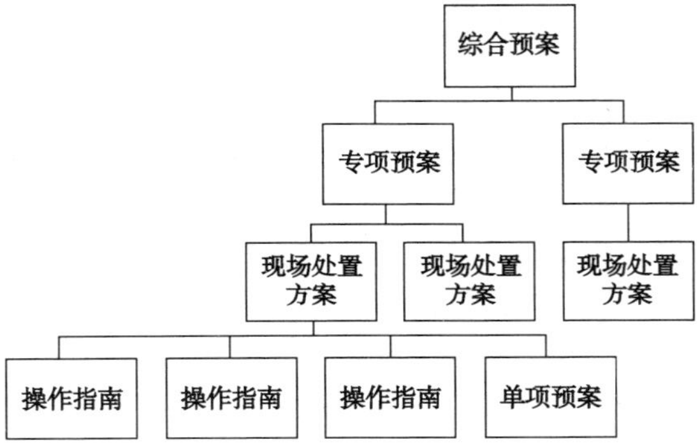


图 3-5　应急预案文件层次图

“1+$n$”的结构包含：“1 个综合”，实际上就是一个综合应急预案；“$n$ 个专项”，就是根据危险性分析出的突发事件的多少以及突发事件的严重程度，来决定编制多少个专项应急预案。

依据《生产经营单位安全生产事故应急预案编制导则》(GB/T 29639)等的要求编制(修订)综合应急预案和专项应急预案。

综合应急预案是指生产经营单位为应对各种生产安全事故而制定的综合性工作方案，是本单位应对生产安全事故的总体工作程序、措施和应急预案体系的总纲。

**综合应急预案主要内容**

6.1　总则

6.1.1　适用范围

说明应急预案适用的范围。

6.1.2　应急预案体系

简述本单位应急预案体系构成分级情况，明确与地方政府等其他相关应急预案的衔接关系(可用图示)。

6.1.3　应急工作原则

说明本单位应急处置工作的原则，内容应简明扼要、明确具体。

6.2　应急组织机构及职责

明确生产经营单位的应急组织形式及组成单位(部门)或人员(可用图示)，明确构成单位(部门)的应急处置职责。根据事故类型和应急处置工作需要，应急组织机构可设置相应的工作小组，各小组具体构成及职责任务建议作为附件。

6.3　预警及信息报告

6.3.1　预警

对于可以预警的生产安全事故，明确预警分级条件，预警信息发布、预警行动以及预警级别调整和解除的程序及内容。

6.3.2　信息报告

按照有关规定，明确事故及事故险情信息报告程序，主要包括：

a) 信息接收与通报

明确24小时应急值守电话、事故信息接收、通报程序和责任人。

b) 信息上报

明确事故发生后向上级主管部门、上级单位报告事故信息的流程、内容、时限和责任人。

c) 信息传递

明确事故发生后向本单位以外的有关部门或单位通报事故信息的方法、程序和责任人。

6.4　应急响应

6.4.1　响应分级

结合事故可能危及人员的数量、影响范围以及单位处置层级等因素综合划定本单位应急响应级别，可分为Ⅰ级、Ⅱ级、Ⅲ级，一般不超过Ⅳ级。

Ⅰ级：事故后果超出本单位处置能力，需要外部力量介入方可处置。

Ⅱ级：事故后果超出基层单位处置能力，需要本单位采取应急响应行动方可处置。

Ⅲ级：事故后果仅限于本单位的局部区域，基层单位采取应急响应行动即可处置。

6.4.2 响应程序

确定应急响应程序(应配上响应流程方框图)，主要包括：

a) 应急响应启动

明确应急响应启动的程序和方式。可由有关领导作出应急响应启动的决策并宣布，或者依据事故信息是否达到应急响应启动的条件自动触发启动。若未达到应急响应启动条件，应做好应急响应准备，实时跟踪事态发展。

b) 应急响应内容

明确应急响应启动后的程序性工作，包括紧急会商、信息上报、应急资源协调、后勤保障、信息公开等工作。

6.4.3 应急处置

明确事故现场的警戒疏散、医疗救治、现场监测、技术支持、工程抢险、环境保护及人员防护等工作要求。

6.4.4 扩大应急

明确当事态无法控制情况下，向外部力量请求支援的程序及要求。

6.4.5 响应终止

明确应急响应结束的基本条件和要求。

6.5 后期处置

明确污染物处理、生产秩序恢复、医疗救治、人员安置、应急处置评估等内容。

6.6 应急保障

6.6.1 通信与信息保障

明确可为本单位提供应急保障的相关单位及人员通信联

系方式和方法，以及备用方案。同时，制定信息通信系统及维护方案，确保应急期间信息通畅。

6.6.2 应急队伍保障

明确相关的应急人力资源，包括应急专家、专业应急队伍、兼职应急队伍等。

6.6.3 物资装备保障

明确本单位的应急物资和装备的类型、数量、性能、存放位置、运输及使用条件、更新及补充时限、管理责任人及其联系方式等内容，并建立档案。

6.6.4 其他保障

根据应急工作需求而确定的其他相关保障措施(如：经费保障、交通运输保障、治安保障、技术保障、医疗保障、后勤保障等)。

注：6.6 节的相关内容，应尽可能在应急预案的附件中体现。

6.7 预案管理

主要明确以下内容：

a) 明确生产经营单位应急预案宣传培训计划、方式和要求；

b) 明确生产经营单位应急预案演练的计划、类型和频次等要求；

c) 明确应急预案评估的期限、修订的程序；

d) 明确应急预案的报备部门。

专项应急预案是指生产经营单位为应对某一种或者多种类型生产安全事故，或者针对重要生产设施、重大危险源、重大活动防止生产安全事故而制定的专项性工作方案。

专项应急预案重点强调专业性，应根据可能的事故类别和特点，明确相应的专业指挥机构、响应程序及针对性的处置措施。当专项应急预案与综合应急预案中的应急组织机构、应急响应程序相近时，可不编写专项应急预案，相应的应急处置措施并入综合应急预案。

**专项应急预案主要内容**

7.1 适用范围

说明专项应急预案适用的范围，以及与综合应急预案的关系。

7.2 应急组织机构及职责

根据事故类型，明确应急组织机构以及各成员单位或人员的具体职责。应急指挥机构可以设置相应的应急工作小组，明确各小组的工作任务及主要负责人职责。

7.3 处置措施

针对可能发生的事故风险、危害程度和影响范围，明确应急处置指导原则，制定相应的应急处置措施。

### 3.3.2 “一线式”结构形式

对于服务型或管理型的二级单位或相对比较单一、事件比较少的单位亦可采用“一线式”结构(简化版的“1+$n$”结构)应急预案，即不做专门的专项应急预案，将预警行动、应急处置和应急保障进行细化，并放在综合应急预案中。

### 3.3.3 “图表式”结构

“图表式”结构是车间、作业队、事业部等基层单位的结构形式，针对具体场所、装置或者设施，根据不同生产安全事故类型所制定的应急处置措施。现场处置方案重点规范基层的先期处置，应体现自救互救、信息报告和先期处置特点。事故风险单一、危险性小的生产经营单位，可以只制定现场处置方案。

“图表式”应急预案的具体内容包括两项，即“一图一表”：应急响应程序图和突发事件应急处置表。

一类事件一张表格，可在每类事件中，增加典型场景或个案，一个典型场景或个案一张表格。处置要具体到每个动作，具体到每台设备、每个开关、每个阀门等具体位号，每个动作要具体到岗位，将职责融于行动之中。主要内容如下：

**现场处置方案主要内容**

8.1　事故风险描述

主要包括：

a）事故类型；

b）事故发生的区域、地点或装置的名称；

c）事故发生的可能时间、危害程度及其影响范围；

d）事故前可能出现的征兆；

e）可能引发的次生、衍生事故。

8.2　应急工作职责(图)

针对具体场所、装置或者设施，明确应急组织分工和职责。

8.3　应急处置(表)

主要包括以下内容：

a）事故应急响应程序。结合现场实际，明确事故报警、自救互救、初期处置、警戒疏散、人员引导、扩大应急等程序。

b）现场初期处置措施。针对可能的事故风险，制定人员救援、工艺操作、事故控制、消防等方面的初期处置措施，以及现场恢复、现场证据保护等方面的工作方案。基层单位可依据初期处置措施，针对事故现场处置工作需要，灵活制定现场工作方案。

8.4　注意事项

主要包括：

a）个人防护方面的注意事项；

b）现场先期处置方面的注意事项；

c）自救和互救方面的注意事项；

d）其他需要特别警示的事项。

### 3.3.4 “卡片式”结构

“卡片式”结构应急预案即应急处置卡。为便于应急预案的使用，生产经营单位应当在应急预案的基础上，针对工作岗位的特点，编制简明、实用、有效的应急处置卡。应急处置卡按照使用对象划分，可以分为应急组织机构功能组应急处置卡、基层重点岗位应急处置卡两种类型。应急组织机构功能组应急处置卡用以展示企业不同层级应急组织机构功能组，以及有关负责人的应急处置程序和措施。基层重点岗位应急处置卡用以展示现场处置方案中该岗位应急处置的步骤要点。应急处置卡要便于携带。

“卡片式”结构应急预案一般为A4纸的一半，或名片大小。卡片为硬质或塑封。

**应急处置卡的主要内容**

9.1 岗位名称

明确应急组织机构功能组的名称(含组成)或重点岗位的名称。

9.2 行动程序及内容

明确应急组织机构功能组或重点岗位人员预警及信息报告、应急响应、后期处置中所采取的行动步骤及措施。

9.3 联系电话

列出应急工作中主要联系的部门、机构或人员的联系方式。

9.4 其他事项

其他需要注意的事项。

现场应急处置方案示例如下：

**岗位(班组)应急处置卡(一)**　　编号：×××

<table>
<tr><td>突发事件名称</td><td colspan="3">危险化学品泄漏及人员中毒应急处理</td></tr>
<tr><td>岗位名称</td><td colspan="3">副班长</td></tr>
<tr><td>所在班组</td><td colspan="3">×××班　　班长电话：××××</td></tr>
<tr><td>所在装置(车间)</td><td colspan="3">油品车间　　车间主任电话：××××</td></tr>
<tr><td>行动程序</td><td colspan="2">内　容</td><td>注意事项</td></tr>
<tr><td>发现异常</td><td colspan="2">发现PLC/DCS系统报警或PHD液位异常报警时：汇报班长，同时要求岗位人员现场确认</td><td></td></tr>
<tr><td rowspan="2">切断泄漏源</td><td colspan="2">远程切断泄漏源前后的自控阀门</td><td rowspan="2"></td></tr>
<tr><td>视情况采取措施</td><td>1. 关闭作业流程。通过切水线向贮罐注水，力争将泄漏物抬高到漏点之上(贮罐下部泄漏)。<br>2. 打通倒料流程，力争将泄漏物降低到漏点之下(贮罐上部泄漏)。<br>3. 倒罐作业。(乙烯焦油\ 乙二醇罐不能注水)</td></tr>
<tr><td>报警</td><td colspan="2">向厂应急响应中心及车间领导报告</td><td></td></tr>
<tr><td>消防、泡沫系统保障</td><td colspan="2">监控消防水泵备用情况，保证管网压力</td><td></td></tr>
</table>

**岗位(班组)应急处置卡(二)**　　编号：×××

| 突发事件名称 | 苯G403b罐来料线罐根金属软管泄漏人员中毒应急处理(个案) | |
|---|---|---|
| 岗位名称 | 副班长 | |
| 所在班组 | ×××班　　班长电话：×××× | |
| 所在装置(车间) | 油品车间　　车间主任电话：×××× | |
| 行动程序 | 内　　容 | 注意事项 |
| 发现异常 | PLC画面突然显示：位号为AE4036的可燃气测爆仪红灯闪烁，并伴声音报警。副班长判断：G403b罐根附近可能有泄漏。汇报班长；同时要求岗位人员现场确认 | |
| 切断泄漏源 | 远程关闭苯来料线进罐汽缸阀(HV4031) | |
| 报警 | 向厂应急响应中心及车间领导报告：G403b罐来料线罐根金属软管裂开、苯正在泄漏、周围地面已积聚大量苯，现场没有着火，但有一人中毒倒地 | |
| 消防、泡沫系统保障 | 监控消防水泵备用情况，保证管网压力 | |

## 3.4　应急预案附件

(1) 术语解释

对预案中出现的新的名词术语进行解释。

(2) 预案编制依据

列出应急预案编制所依据的法律、法规、规章、标准和规范性文件以及相关应急预案等。

(3) 衔接的应急预案

列出本单位应急预案应与其相衔接的预案名称及编制单位。

(4) 生产经营单位概况

简要描述本单位地址、从业人数、隶属关系、主要原材料、主要产品、产量等内容，以及周边重大危险源、重要设施、目标、场所和周边布局情况。必要时，附平面图进行说明。

（5）事故风险评估及应急资源调查报告

列出本单位事故风险评估报告、应急资源调查报告。

（6）有关应急部门、机构或人员的联系方式

列出应急工作中需要联系的部门、机构或人员的多种联系方式。

（7）应急物资装备的名录或清单

列出应急预案涉及的主要物资和装备名称、型号、性能、数量、存放地点(尽量图示)、运输和使用条件、管理责任人和联系电话等。

（8）规范化格式文本

列出应急信息接收、处理、上报和记录等文本格式和主要内容。

（9）关键的路线、标识和图纸

主要包括：

- 警报系统分布及覆盖范围；
- 重要防护目标、危险源一览表、分布图；
- 应急指挥部(现场指挥部)位置及救援队伍行动路线；
- 疏散路线、集结点、警戒范围、重要地点等的标识；
- 相关平面布置图纸、应急资源分布图纸等；
- 生产经营单位的地理位置图、周边关系图；
- 事故风险可能导致的影响范围图。

（10）有关协议或备忘录

列出与相关应急救援部门签订的应急救援协议或备忘录。

## 3.5 应急预案简化

2013年开始，国家应急指挥中心在国内两家企业试点，推

行应急预案优化工作。企业以往按照《生产经营单位生产安全事故应急预案编制导则》等相关标准和要求编制的应急预案，比较全面和系统，得到了政府和上级部门的充分认可，也经受了实践的检验，但在实际应用中，存在过于烦琐、不够优化等问题，因此，两家企业在原有编制原则的基础上，通过大胆的尝试和突破，对生产安全应急预案进行了全面系统的优化，编制了一套简化版的应急预案及配套应急处置卡，基本做到了“简明、易记、科学、好用”。

新修订的应急预案具有以下特点：

（1）坚持简明化　对公司和厂级预案分别进行了调整，将原总体预案与专项预案合并，主要工作流程尽量以图表形式表达，将编制依据、风险分析、信息公开、预案管理等内容指向相应的管理制度。预案文字描述大幅减少，公司级预案正文文字数量压缩 90%。

（2）突出专业化　发动全员运用 HAZOP、JHA、SCL 等评价方法，开展专业化风险评估。采用 LEC 法确定危险源、高风险点的风险等级，有针对性地制定应急处置方案，做到“一处一案”，突出处置方案的个性特征。

（3）推行卡片化　将应急预案重要信息设计成应急处置卡，“一人一卡”，随身携带。公司级、厂级应急处置卡以应急功能组的主要任务及联络方式为主，车间级应急处置卡主要体现应急处置步骤和工艺流程图、在事故应急状态下，人手一卡，起到很好的提示作用。

（4）实现动态化　根据生产环境、工艺特点、设备设施运行年限等情况变化，以及在生产过程及演练过程中发现的新问题，及时开展风险再评估，动态地修订完善预案。

# 4 应急预案管理与实施

## 4.1 生产经营单位生产安全事故应急预案评估

应急预案编制单位应当建立应急预案定期评估制度，对预案内容的针对性和实用性进行分析，并对应急预案是否需要修订作出结论。

矿山、金属冶炼、建筑施工企业和易燃易爆物品、危险化学品等危险物品的生产、经营、储存企业、使用危险化学品达到国家规定数量的化工企业、烟花爆竹生产、批发经营企业和中型规模以上的其他生产经营单位，应当每三年进行一次应急预案评估。

应急预案评估可以邀请相关专业机构或者有关专家、有实际应急救援工作经验的人员参加，必要时可以委托安全生产技术服务机构实施。

### 4.1.1 评估依据

主要依据以下内容：

（1）生产经营单位风险评估结果；

（2）生产经营单位应急组织机构设置情况；

（3）预案实施后出台或者修订的相关法律法规和标准；

（4）有关规范性文件；

（5）应急演练评估报告；

（6）应急处置评估报告；

（7）其他相关材料。

### 4.1.2 评估程序

（1）成立评估组　结合本单位部门职能和分工，成立以单位相关负责人为组长，单位相关部门人员参加的应急预案评估组，明确工作职责和任务分工，制定工作方案。评估组成员人数一般为单数，必要时可以增加。生产经营单位可以邀请相关专业机构或者有关专家、有实际经验的人员参加应急预案评估，必要时可以委托安全生产技术服务机构实施。应急预案评审类别见表 4-1。

**表 4-1　应急预案评审类别表**

| 评审类型 | | 评审人员 | 评审目标 |
|---|---|---|---|
| 内部评审 | | 预案编制成员 | 预案语句通畅、内容完整 |
| 外部评审 | 同行评审 | 有编制成员类似资格或专业人员 | 听取同行对预案的客观意见 |
| | 社区评审 | 社会公众、媒体 | 改善预案完整性；促进公众对预案的理解和为社区接受 |
| | 上级评审 | 对预案有监督职责的个人或组织 | 对预案中要求的资源予以授权和做出相应的承诺 |
| | 政府评审 | 政府部门的有关专家 | 确认预案符合法律法规、标准和上级政府规定要求；确认预案与其他预案协调一致；对预案进行认可，予以备案 |

（2）资料收集分析

评估组应确定需评估的应急预案，收集相关资料，明确以下情况：

① 法律、法规、规章、标准及上位预案中的有关规定重大变化情况；

② 应急指挥机构及其职责调整情况；

③ 面临的事故风险重大变化情况；

④ 重要应急资源重大变化情况；

⑤ 预案中的其他重要信息变化情况；

⑥ 应急演练和事故应急处置中发现的问题；

⑦ 其他情况。

(3) 评估实施

采用资料分析、现场审核、推演论证、人员访谈等方式方法，对应急预案进行综合分析评估。

① 资料分析：针对评估目的和评估内容，查阅有关的法律法规、标准规范、应急预案、风险评估等相关的文件资料，梳理有关规定、要求及证据材料，初步分析应急预案存在的问题。

② 现场审核：依据资料分析的情况，通过现场实地查看、设备操作检验等方式，准确掌握并验证风险评估、应急资源、工艺设备等各方面的问题情况。

③ 推演论证：根据需要，采取桌面推演、实战演练等形式，对机构设置、职责分工、响应机制、信息报告等方面的问题进行推演验证。

④ 人员访谈：采取抽样访谈或座谈研讨等方式，向有关人员收集信息、了解情况、考核能力、验证问题、沟通交流、听取建议，进一步论证有关问题情况。

(4) 评估报告编写

应急预案评估结束后，评估组成员沟通交流各自评估情况，对照有关规定及相关标准，汇总评估中发现的问题，并形成一致的、公正客观的评估组意见，在此基础上组织撰写评估报告。

### 4.1.3 评估内容

评估内容详见表4-2。

(1) 应急预案的编制依据　法律、法规、规章、标准及上位预案是否对应急预案作出新规定和要求，主要包括应急组织机构及其职责、应急预案体系、事故风险描述、预警及信息报告、应急响应、保障措施、应急预案管理等方面。

（2）组织机构与职责　生产经营单位组织体系是否发生变化；总指挥、副总指挥等关键岗位应急职责是否调整；重点部门应急职责与分工是否重新划分；应急组织机构或人员对应急职责是否存在疑义；应急机构设置与职责能否满足实际需要等内容。

（3）主要事故风险　生产经营单位事故风险分析是否全面客观；风险等级确定是否合理；是否有新增事故风险；事故风险防范和控制措施能否满足实际需要；依据事故风险评估提出的应急资源需求是否科学。

（4）应急资源　生产经营单位对于本单位应急资源和合作区域内可请求援助的应急资源调查是否全面、与事故风险评估得出的实际需求是否匹配；现有的应急资源的数量、种类、功能、用途是否发生重大变化。

（5）应急预案的衔接　应急预案是否结合上位及其他相关应急预案，对信息报告、响应分级、指挥权移交、警戒疏散等内容作出合理规定。

（6）实施反馈　应急演练、事故应急处置、监督检查、体系审核、投诉举报等方面反馈应急预案是否存在问题，主要涉及组织机构、应急响应程序、先期处置及后期处置等方面。

（7）其他　其他可能对应急预案内容的适用性产生影响的因素：合法性、完整性、针对性、实用性、科学性、操作性、衔接性、可读性。

**表 4-2　生产安全事故应急预案评估表**

| 评估要素 | 评 估 内 容 | 评估方法 | 评估结果 |
|---|---|---|---|
| 1　应急预案的编制依据 | 1.1　梳理《中华人民共和国突发事件应对法》《中华人民共和国安全生产法》等法律中的有关新规定和要求，对照评估应急预案中的不符合项 | 资料分析 | |
| 1　应急预案的编制依据 | 1.2　梳理行政法规、地方政府法规中的有关新规定和要求，对照评估应急预案中的不符合项 | 资料分析 | |
| | 1.3　梳理国务院部门规章、地方政府规章中的有关新规定和要求，对照评估应急预案中的不符合项 | 资料分析 | |
| | 1.4　梳理国家标准、行业标准及地方标准中的有关新规定和要求，对照评估应急预案中的不符合项 | 资料分析 | |
| 2　组织机构及职责 | 2.1　查阅生产经营单位机构设置、部门职能调整、总指挥、副总指挥等关键岗位职责划分等方面的文件资料，初步分析本单位应急预案中应急组织机构设置及职能确定情况 | 资料分析 | |
| | 2.2　抽样访谈，了解掌握生产经营单位本级，基层单位办公室，生产、安全及其他业务部门有关人员对本部门、本岗位的应急工作职责的意见建议 | 人员访谈 | |
| | 2.3　依据资料分析和抽样访谈的情况，结合应急预案中应急组织机构及职责，召集有关职能部门代表，就重要职能进行推演论证，评估值班值守、调度指挥、应急协调、信息上报、舆论沟通，善后恢复等职责划分是否清晰，关键岗位职责是否明确，应急组织机构设置及职能分配与业务是否匹配 | 推演论证 | |

续表

| 评估要素 | 评 估 内 容 | 评估方法 | 评估结果 |
|---|---|---|---|
| 3 主要事故风险 | 3.1 查阅生产经营单位风险评估报告，对照生产运行、工艺设备等有关文件资料，初步分析本单位面临的主要事故风险类型及风险等级划分情况 | 资料分析 | |
| | 3.2 根据资料分析情况，前往重点基层单位、重点场所、重点部位查看验证 | 现场审核 | |
| | 3.3 座谈研讨，就资料分析和现场查证的情况，与办公室、生产、安全等相关业务部门以及基层单位人员代表沟通交流，评估本单位事故风险辨识是否准确、类型是否合理、等级确定是否科学、防范和控制措施能否满足实际需要，并结合风险情况提出应急资源需求 | 人员访谈 | |
| 4 应急资源 | 4.1 查阅生产经营单位应急资源调查报告，对照应急资源清单、管理制度及有关文件资料，初步分析本单位及合作区域的应急资源状况 | 资源分析 | |
| | 4.2 根据资料分析情况，前往本单位及合作单位的物资储备库等重点单位、重点场所，查看验证应急资源的实际储备、管理、维护情况，推演验证应急资源运输的路程路线及时长 | 现场审核<br>推演论证 | |
| | 4.3 座谈研讨，就资料分析和现场查证的情况，结合风险评估得出的应急资源需求，与办公室、生产、安全等相关业务部门以及基层单位人员沟通交流，评估本单位及合作区域内现有的应急资源的数量、种类、功能、用途是否发生重大变化，外部应急资源的协调机制、响应时间能否满足实际需求 | 人员访谈 | |

续表

| 评估要素 | 评 估 内 容 | 评估方法 | 评估结果 |
| --- | --- | --- | --- |
| 5 应急预案衔接 | 5.1 查阅上下级单位、有关政府部门及周边单位的相关应急预案，梳理分析在信息报告、响应分级、指挥权移交、警戒疏散等工作方面的衔接要求，对照评估应急预案中的不符合项 | 资源分析 | |
| | 5.2 座谈研讨，就资料分析的情况，与办公室、生产、安全等相关业务部门、基层单位、周边单位人员沟通交流，评估应急预案在内外部上下衔接中的问题 | 人员访谈 | |
| 6 实施反馈 | 6.1 查阅生产经营单位应急演练评估报告、应急处置总结报告、监督检查、体系审核及投诉举报等方面的文件资料，初步梳理归纳应急预案存在的问题 | 资料分析 | |
| | 6.2 座谈研讨，就资料分析得出的情况，与办公室、生产、安全等相关业务部门、基层单位人员沟通交流，评估确认应急预案在预警预报、信息报告、响应外置等方面存在的问题 | 人员访谈 | |
| 7 其他 | 7.1 查阅其他有可能影响应急预案适用性因素的文件资料，对照评估应急预案中的不符合项 | 资料分析 | |
| | 7.2 依据资料分析的情况，采取人员访谈、现场审核、推演论证等方式进一步评估确认有关问题 | 人员访谈<br>现场审核<br>推演论证 | |

### 4.1.4 报告主要内容

内容通常包括：

(1) 评估人员情况 评估人员基本信息及分工情况，包括姓名、性别、专业、职务职称、签字等；

(2) 预案评估组织 预案评估工作的组织实施过程和主要工作安排；

(3) 预案基本情况　应急预案编制单位、编制及实施时间、批准人等基本情况；

(4) 预案评估内容　评估应急预案编制依据、组织机构与职责、主要事故风险、应急资源、应急预案衔接等方面的变化情况，以及实施反馈中发现的问题；

(5) 预案适用分析　依据评估出的变化情况和问题，对应急预案各个要素内容的适用性进行分析，指出存在的不符合项；

(6) 改进意见和建议　针对评估出的不符合项，提出改进的意见和建议；

(7) 评估结论　对应急预案作出综合评价及修订结论。

评估报告如下：

**生产安全事故应急预案评估报告编制大纲**

B.1　总则

B.1.1　评估对象

B.1.2　评估目的

B.1.3　评估依据

B.1.4　评估组织

B.2　应急预案评估内容

B.2.1　应急预案编制依据

B.2.2　组织机构与职责

B.2.3　主要事故风险

B.2.4　应急资源

B.2.5　应急预案衔接

B.2.6　实施反馈

B.3　应急预案适用分析

对应急预案各个要素内容的适用性进行分析，指出存在的不符合项。

B.4　改进意见及建议

针对评估出的不符合项，提出相应的改进意见和建议。

B.5　评估结论

对应急预案作出综合评价及修订结论。

B.6　附件

附上评估人员基本信息及分工情况，包括姓名、性别、专业、职务职称、签字等。

## 4.2　应急预案修订

有下列情形之一的，应急预案应当及时修订并归档：

（1）依据的法律、法规、规章、标准及上位预案中的有关规定发生重大变化的；

（2）应急指挥机构及其职责发生调整的；

（3）面临的事故风险发生重大变化的；

（4）重要应急资源发生重大变化的；

（5）预案中的其他重要信息发生变化的；

（6）在应急演练和事故应急救援中发现问题需要修订的；

（7）应急预案评估出的不符合项，报告中提出的相应改进意见和建议；

（8）编制单位认为应当修订的其他情况。

应急预案修订涉及组织指挥体系与职责、应急处置程序、主要处置措施、应急响应分级等内容变更的，修订工作应当参照本办法规定的应急预案编制程序进行，并按照有关应急预案报备程序重新备案。

## 4.3　应急预案的评审、公布和备案

### 4.3.1　应急预案的评审

地方各级安全生产监督管理部门应当组织有关专家对本部门

编制的部门应急预案进行审定；必要时，可以召开听证会，听取社会有关方面的意见。

矿山、金属冶炼、建筑施工企业和易燃易爆物品、危险化学品的生产、经营(带储存设施的，下同)、储存企业，以及使用危险化学品达到国家规定数量的化工企业、烟花爆竹生产、批发经营企业和中型规模以上的其他生产经营单位，应当对本单位编制的应急预案进行评审，并形成书面评审纪要。

其他生产经营单位应当对本单位编制的应急预案进行论证。

参加应急预案评审的人员应当包括有关安全生产及应急管理方面的专家。评审人员与所评审应急预案的生产经营单位有利害关系的，应当回避。

应急预案的评审或者论证应当注重基本要素的完整性、组织体系的合理性、应急处置程序和措施的针对性、应急保障措施的可行性、应急预案的衔接性等内容。

### 4.3.2　应急预案公布

生产经营单位的应急预案经评审或者论证后，由本单位主要负责人签署公布，并及时发放到本单位有关部门、岗位和相关应急救援队伍。

事故风险可能影响周边其他单位、人员的，生产经营单位应当将有关事故风险的性质、影响范围和应急防范措施告知周边的其他单位和人员。

### 4.3.3　应急预案的备案

地方各级安全生产监督管理部门的应急预案，应当报同级人民政府备案，并抄送上一级安全生产监督管理部门。其他负有安全生产监督管理职责的部门的应急预案，应当抄送同级安全生产监督管理部门。

生产经营单位应当在应急预案公布之日起 20 个工作日内，

按照分级属地原则，向安全生产监督管理部门和有关部门进行告知性备案。

中央企业总部(上市公司)的应急预案，报国务院主管的负有安全生产监督管理职责的部门备案，并抄送国家安全生产监督管理总局；其所属单位的应急预案报所在地的省、自治区、直辖市或者设区的市级人民政府主管的负有安全生产监督管理职责的部门备案，并抄送同级安全生产监督管理部门。

除此以外的非煤矿山、金属冶炼和危险化学品生产、经营、储存企业，以及使用危险化学品达到国家规定数量的化工企业，烟花爆竹生产、批发经营企业的应急预案，按照隶属关系报所在地县级以上地方人民政府安全生产监督管理部门备案；其他生产经营单位应急预案的备案，由省、自治区、直辖市人民政府负有安全生产监督管理职责的部门确定。

油气输送管道运营单位的应急预案，除按照本条第一款、第二款的规定备案外，还应当抄送所跨行政区域的县级安全生产监督管理部门。

煤矿企业的应急预案除按照本条第一款、第二款的规定备案外，还应当抄送所在地的煤矿安全监察机构。

生产经营单位申报应急预案备案，应当提交下列材料：

(1) 应急预案备案申报表；

(2) 应急预案评审或者论证意见；

(3) 应急预案文本及电子文档；

(4) 风险评估结果和应急资源调查清单。

受理备案登记的负有安全生产监督管理职责的部门应当在5个工作日内对应急预案材料进行核对，材料齐全的，应当予以备案并出具应急预案备案登记表；材料不齐全的，不予备案并一次性告知需要补齐的材料。逾期不予备案又不说明理由的，视为已经备案。

对于实行安全生产许可的生产经营单位，已经进行应急预案备案的，在申请安全生产许可证时，可以不提供相应的应急预案，仅提供应急预案备案登记表。

各级安全生产监督管理部门应当建立应急预案备案登记建档制度，指导、督促生产经营单位做好应急预案的备案登记工作。

## 4.4　应急预案实施

生产经营单位应当按照应急预案的规定，落实应急指挥体系、应急救援队伍、应急物资及装备，建立应急物资、装备配备及其使用档案，并对应急物资、装备进行定期检测和维护，使其处于适用状态。

生产经营单位发生事故时，应当第一时间启动应急响应，组织有关力量进行救援，并按照规定将事故信息及应急响应启动情况报告安全生产监督管理部门和其他负有安全生产监督管理职责的部门。

生产安全事故应急处置和应急救援结束后，事故发生单位应当对应急预案实施情况进行总结评估。

# 附录

## 附录 1　应急预案示例

车间应急预案包括封面、批准页、目录、具体内容和附件，具体如下：

××××公司突发事件应急程序文件

ZSGZ-CS-××××-06.07

# ××厂××车间应急预案

2013-08-08 发布　　2013-08-08 实施

××公司××厂　发布

**ZSGZ-CS-××××-13.07**

# 文件审批表

日期　2013 年 06 月 09 日

<table>
<tr><td colspan="3">名　　称</td><td colspan="2">××厂××车间应急预案</td></tr>
<tr><td colspan="3">编　写　人　员</td><td colspan="2"></td></tr>
<tr><td rowspan="5">审　　查</td><td colspan="2">单　　位</td><td>审查人</td><td>单位负责人</td></tr>
<tr><td colspan="2">安全员</td><td></td><td></td></tr>
<tr><td colspan="2">安全工程师</td><td colspan="2"></td></tr>
<tr><td colspan="2">设备员</td><td colspan="2"></td></tr>
<tr><td colspan="2">工艺员</td><td colspan="2"></td></tr>
<tr><td rowspan="4">审　批</td><td rowspan="4"></td><td>生产副主任</td><td colspan="2"></td></tr>
<tr><td>设备副主任</td><td colspan="2"></td></tr>
<tr><td>工艺副主任</td><td colspan="2"></td></tr>
<tr><td></td><td colspan="2"></td></tr>
<tr><td>批　准</td><td colspan="2">主任</td><td colspan="2"></td></tr>
</table>

# 目　　录

| | | | | |
|---|---|---|---|---|
| ××公司 | | ××厂××车间<br>应急预案 | 文件编号 | ZSGZ-CS-××××-13. 07 |
| | | | 版 号 | A/0 |
| 序号 | | 操作文件 | 文件页码 | 共××页第×页 |

## 1 应急响应程序

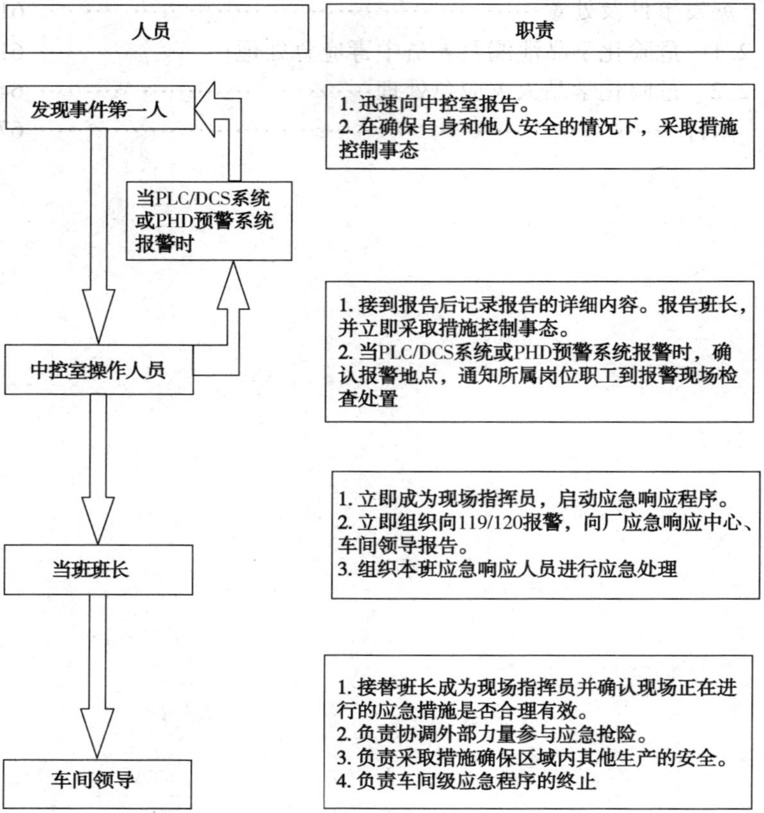

# 2 突发事件及处置

## 2.1 危险化学品泄漏及人员中毒应急处理

<table>
<tr><th>步　　骤</th><th colspan="2">处　　置</th><th>负 责 人</th></tr>
<tr><td rowspan="2">发现异常</td><td colspan="2">发现 PLC/DCS 系统报警或 PHD 液位异常报警时：汇报班长，同时要求岗位人员现场确认</td><td>副班长</td></tr>
<tr><td colspan="2">巡检发现，立即返回，就近取空气呼吸器佩戴前往确认</td><td>发现泄漏第一人</td></tr>
<tr><td>现场确认、报告</td><td colspan="2">班长或岗位外操佩戴空气呼吸器现场确认，向中控室报告</td><td>班长、发现泄漏第一人</td></tr>
<tr><td rowspan="3">切断泄漏源</td><td colspan="2">1. 远程切断泄漏源前后的自控阀门</td><td>副班长</td></tr>
<tr><td colspan="2">2. 切断泄漏点前后的手动阀门(若可能)</td><td>班长、事故岗位外操</td></tr>
<tr><td>视情况采取措施</td><td>1. 关闭作业流程。通过切水线向贮罐注水，力争将泄漏物抬高到漏点之上(贮罐下部泄漏)。<br>2. 打通倒料流程，力争将泄漏物降低到漏点之下(贮罐上部泄漏)。<br>3. 倒罐作业(乙烯焦油/乙二醇罐不能注水)</td><td>副班长、事故岗位外操<br>车间应急人员协助</td></tr>
<tr><td rowspan="2">报警</td><td colspan="2">向公司 119/120 报警</td><td>计量工</td></tr>
<tr><td colspan="2">向厂应急响应中心及车间领导报告</td><td>副班长</td></tr>
<tr><td>应急程序启动</td><td colspan="2">通知其他岗位人员增援。<br>通知码头车间中控准备提供泡沫(若险情发生在原油罐组)</td><td>班长</td></tr>
<tr><td>人员抢救</td><td colspan="2">戴空气呼吸器转移中毒人员，并施行急救(专业人员未接替前决不放弃)</td><td>班长指定的人员</td></tr>
<tr><td>人员疏散</td><td colspan="2">组织现场与抢险无关的人员(含施工人员)疏散</td><td>计量工</td></tr>
</table>

续表

| 步　骤 | 处　置 | 负 责 人 |
| --- | --- | --- |
| 消防、泡沫系统保障 | 1. 监控消防水泵备用情况，保证管网压力 | 苯岗位外操、副班长 |
| | 2. 打通泡沫流程、准备提供泡沫保护(若有必要) | 苯岗位外操/码头班长(险情发生在原油区域时) |
| 泄漏物的封堵与回收 | 1. 检查确认罐组的雨排阀、污排阀已经关闭 | 车间应急人员 |
| | 2.(必要时)放下清净下水总排口闸板，沙袋封堵外排沟 | 事故岗位外操、车间应急人员 |
| | 3. 用器皿或吸油棉回收泄漏物。用回收泵将积聚在低洼处的泄漏物抽至就近的污水井，使其进入污水池 | 班长、车间应急人员 |
| | 4. 启污水泵将进入污水池的泄漏物倒往原油罐 | 苯岗位外操 |
| 警戒 | 携可燃气检测仪测试，划定警戒范围 | 车间应急人员 |
| 接应救援 | 打开消防通道，接应消防、气防、环境监测等车辆及外部应急增援力量 | 车间应急人员 |
| 带压堵漏 | 具备堵漏条件时，组织人员进入现场带压堵漏 | 车间领导 |
| 注　意 | 1. 进入罐组及可能中毒区域戴空气呼吸器，其他附近区域戴过滤式防毒面具。接触有毒介质的关阀人员、回收人员和堵漏人员须穿防护服。<br>2. 人员疏散应根据风向标指示，撤离至上风口的紧急集合点，并清点人数。<br>3. 施工人员疏散时，应检查关闭现场的用火火源，切断临时用电电源。<br>4. 报警时，须讲明泄漏地点、泄漏介质、严重程度、人员伤亡情况、有无火情 | |

**案例：苯 G403b 罐来料线罐根金属软管泄漏人员中毒应急处理**

| 步　　骤 | 处　　置 | 负　责　人 |
|---|---|---|
| 发现异常 | PLC 画面突然显示：位号为 AE4036 的可燃气测爆仪红灯闪烁，并伴声音报警。副班长判断：G403b 罐根附近可能有泄漏。汇报班长；同时要求岗位人员现场确认 | 中控副班长 |
| 现场确认、报告 | 1. 班长、苯岗位外操佩戴空气呼吸器现场确认。<br>2. 向中控室报告：发现 G403b 罐来料线罐根金属软管裂开、苯正在泄漏、周围地面已积聚大量苯，现场没有着火，但发现一人中毒倒地 | 班长、<br>发现泄漏第一人 |
| 切断泄漏源 | 1. 远程关闭苯来料线进罐汽缸阀(HV4031) | 副班长 |
| | 2. 关闭苯来料线罐根手动阀(若可能) | 班长、苯岗位外操 |
| | 3. 关闭苯界区来料线总阀(须与调度协调) | 班长指定人员 |
| 报警 | 向公司 119/120 报警：贮运厂油品车间 G403b 罐来料线罐根金属软管裂开、苯正在泄漏、周围地面已积聚大量苯，现场没有着火，但有一人中毒倒地，报警人××× | 计量工 |
| | 向厂应急响应中心及车间领导报告：G403b 罐来料线罐根金属软管裂开、苯正在泄漏、周围地面已积聚大量苯，现场没有着火，但有一人中毒倒地 | 副班长 |
| 应急程序启动 | 通知其他岗位人员增援：G403b 罐来料线罐根金属软管裂开、苯正在泄漏、周围地面已积聚大量苯，现场有一人中毒倒地；请各岗位留守一人维持正常作业，其他人员立即到苯罐组集合，由班长指挥开展应急抢险，请无关人员及施工人员立即沿上风向、到紧急集合点集中(重复数遍) | 班长 |
| 人员抢救 | 1. 戴空气呼吸器转移中毒人员，并施行急救 | 班长、苯岗位外操 |
| | 2. 持续进行急救(决不放弃)，直到专业人员到达 | 班长、车间<br>应急人员 |
| 人员疏散 | 组织现场与抢险无关的人员(含施工人员)撤离 | 车间应急人员 |

续表

| 步　　骤 | 处　　置 | 负　责　人 |
|---|---|---|
| 流程调整 | 通过切水线向贮罐注水，力争将物料抬高到漏点之上(若罐根阀无法关闭) | 班长、车间应急人员 |
| 消防、泡沫系统保障 | 1. 监控消防水泵备用情况，保证管网压力 | 苯岗位外操、副班长 |
| | 2. 打通泡沫流程、准备提供泡沫保护 | 苯岗位外操 |
| 泄漏物的封堵与回收 | 1. 检查确认罐组的雨排阀、污排阀已经关闭 | 车间应急人员 |
| | 2. (必要时)放下 2<sup>#</sup>清净下水外排口闸板，沙袋封堵外排沟 | 车间应急人员 |
| | 3. 用器皿或吸油棉回收泄漏物。用回收泵将积聚在防火堤内水沟中的苯抽至就近的污水井，使其进入污水池 | 班长、车间应急人员 |
| | 4. 启污水泵将进入污水池的苯倒往原油罐 | 苯岗位外操 |
| 警戒 | 携可燃气检测仪测试，划定警戒范围 | 车间应急人员 |
| 接应救援 | 打开消防通道(打开 2<sup>#</sup>、3<sup>#</sup>、4<sup>#</sup>门)，接应消、气防、环境监测等车辆及外部应急增援力量 | 车间应急人员 |
| 带压堵漏 | 具备堵漏条件后，组织维修人员进入现场带压堵漏 | 车间领导 |
| 注　　意 | 1. 进入罐组及可能中毒区域戴空气呼吸器，其他附近区域戴过滤式防毒面具。接触苯的关阀人员、回收人员和堵漏人员须穿防护服。<br>2. 人员疏散应根据风向标指示，撤离至上风口的紧急集合点，并清点人数。<br>3. 施工人员疏散时，应检查关闭现场的用火火源，切断临时用电电源 | |

## 2.2　危险化学品火灾应急处理

| 步　　骤 | 处　　置 | 负　责　人 |
|---|---|---|
| 报警 | 向中控室报告(中控室监控电视发现，直接执行以下程序) | 发现火情第一人 |
| | 向公司 119/120 报警 | 计量工 |
| | 向厂应急响应中心及车间领导报告 | 副班长 |

续表

| 步　骤 | 处　置 | 负 责 人 |
| --- | --- | --- |
| 应急程序启动 | 通知其他岗位人员增援。<br>通知码头车间中控准备提供泡沫(若险情发生在原油区域) | 班长 |
| 切断泄漏源 | 1. 远程切断泄漏源前后的自控阀门 | 副班长 |
| | 2. 关闭泄漏点前后的手动阀门(若可能) | 班长、事故岗位外操 |
| | 3. 贮罐着火，切断系统与该罐的所有联系(关闭罐根阀门) | 班长、事故岗位外操 |
| 人员疏散 | 组织现场与抢险无关的人员(含施工人员)撤离 | 事故岗位外操 |
| 消防、泡沫、干粉系统保障 | 1. 监视消防水系统自动运行情况，保证管网压力 | 副班长、苯岗位外操 |
| | 2. 启动泡沫(干粉)系统 | 苯岗位外操/码头班长(火情发生在原油区域时) |
| 灭火、冷却 | 1. 开消防水炮和消防喷淋(若有)对着火罐进行冷却，对邻近贮罐、设施降温隔离 | 车间应急人员 |
| | 2. 开通泡沫进行灭火 | 车间应急人员 |
| 泄漏物封堵回收 | 1. 检查确认罐组的雨排阀、污排阀已经关闭 | 车间应急人员 |
| | 2. 放下清净下水总排口闸板，沙袋封堵外排沟 | 事故岗位外操、车间应急人员 |
| | 3. 用器皿或吸油棉回收泄漏物。用回收泵将积聚在低洼处的泄漏物抽至就近的污水井，使其进入污水池 | 班长、车间应急人员 |
| | 4. 启污水泵将进入污水池的泄漏物倒往原油罐 | 苯岗位外操 |
| 警戒 | 携可燃气检测仪测试，划定警戒范围 | 车间应急人员 |
| 接应救援 | 打开消防通道，接应消防、气防、环境监测等车辆及外部应急增援 | 车间应急人员 |

续表

| 步骤 | 处置 | 负责人 |
|---|---|---|
| 带压堵漏 | 现场余火扑灭后，具备堵漏条件时，组织维修人员进入现场带压堵漏 | 车间领导 |
| 注意 | 1. 进入罐组及可能中毒区域戴空气呼吸器，其他附近区域戴过滤式防毒面具。接触有毒介质的关阀人员、回收人员和堵漏人员须穿防护服。<br>2. 人员疏散应根据风向标指示，撤离至上风口的紧急集合点，并清点人数。<br>3. 施工人员疏散时，应检查关闭现场火源，切断临时用电电源。<br>4. 报警时，须讲明着火地点、着火介质、火势、人员伤亡情况 | |

**案例：原油 G901a 罐顶着火应急处理**

| 步骤 | 处置 | 负责人 |
|---|---|---|
| 现场发现 | 发现 G901a 罐顶起火(假想该罐正在收料) | 发现火情第一人 |
| 报警 | 向中控室报告：G901a 罐罐顶原油起火燃烧，现场没有人员受伤 | 发现火情第一人 |
| | 向公司 119/120 报警：贮运厂油品车间 G901a 原油罐罐顶着火、没有人员受伤，报警人××× | 计量工 |
| | 向厂应急响应中心及车间领导报告：G901a 罐罐顶着火、现场没有人员受伤 | 副班长 |
| 应急程序启动 | 通知其他岗位人员增援：G901a 罐罐顶着火、现场没有人员受伤；请各岗位留守一人维持正常作业，其他人员立即到原油罐组集合，由班长指挥开展应急抢险，请无关人员及施工人员立即沿上风向、到紧急集合点集中(重复数遍)。<br>通知码头车间中控，油品车间原油罐着火，请快速启动泡沫系统，提供泡沫灭火 | 班长 |
| 人员疏散 | 组织现场与抢险无关人员(含施工人员)撤离 | 原油岗位外操 |
| 停止相关作业 | 远程关闭 G901a 进料气缸阀（HV9011、HV9012） | 副班长 |

续表

| 步骤 | 处置 | 负责人 |
| --- | --- | --- |
| 消防、泡沫系统保障 | 1. 监视消防水系统自动运行情况，保证管网压力 | 副班长、苯岗位外操 |
| | 2. 启动泡沫系统 | 码头车间班长 |
| 灭火操作 | 1. 开消防水炮对着火罐进行冷却，对邻近贮罐、设施降温隔离 | 车间应急人员 |
| | 2. 开通泡沫进行灭火 | 车间应急人员 |
| 污染物封堵回收 | 检查确认罐组的雨排阀、污排阀已经关闭 | 车间应急人员 |
| | 合拢清净下水 3#外排口闸板，沙袋封堵外排沟 | 车间应急人员 |
| 警戒 | 携可燃气检测仪测试，划定警戒范围 | 车间应急人员 |
| 接应救援 | 打开消防通道（打开 3#、4#、5#门），接应消防、气防、环境监测等车辆及外部应急增援 | 车间应急人员 |
| 注意 | 1. 进入罐组及可能中毒区域戴空气呼吸器，其他附近区域戴过滤式防毒面具。<br>2. 人员疏散应根据风向标指示，撤离至上风口的紧急集合点，并清点人数。<br>3. 施工人员疏散时，应检查关闭现场火源，切断临时用电电源 | |

## 3　附件

附件 1　车间概况（工艺概况、人员配置情况、组织机构与职责等）（略）

附件 2　应急联络通讯录（略）

附件 3　危险化学品性质、防护及应急措施（略）

附件 4　应急设施及抢险物资一览表（略）

附件 5　应急疏散线路和紧急集合点图（略）

附件 6　平面布置图（含消防设施、气防设施、职业卫生设施、环保设施、火灾报警系统、可燃气和有毒气体报警分布）等（略）

附件 7　变更记录表（略）

注：由于篇幅原因，未将突发事件和个案全部列出。

# 附录 2 优化版应急处置卡示例

## 1. ××公司应急处置卡

### ××公司生产安全事故应急处置卡 1

**应急指挥中心**

| | | |
|---|---|---|
| 组成 | 总指挥：公司总经理或党委书记<br>副总指挥：公司副总经理、公司党委副书记、工会主席、总会计师、总经理助理<br>成员：副总师、机关部室负责人及外聘、协议单位负责人 | |
| 序号 | 行 动 内 容 | 执行情况(√) |
| 1 | 听取应急情况汇报，研判事故程度 | |
| 2 | 宣布公司级及以上级应急预案的启动 | |
| 3 | 主持召开应急处理首次会议 | |
| 4 | 批准重大应急决策 | |
| 5 | 指挥应急处置行动 | |
| 6 | 决定向集团公司、地方政府报告 | |
| 7 | 授权公司对外公告突发事件相关人员 | |
| 8 | 审定对外发布材料 | |
| 9 | 审定并签发应急报告 | |
| 10 | 宣布应急状态结束 | |
| 11 | 其他 | |

## ××公司生产安全事故应急处置卡 1

### 主要联系电话

| 成员 | 姓名 | 职务 | 办公电话 | 手机 |
|---|---|---|---|---|
| 总指挥 | | | | |
| | | | | |
| 副指挥 | | | | |
| | | | | |
| | | | | |
| | | | | |
| | | | | |
| 主要成员 | | | | |
| | | | | |
| | | | | |
| | | | | |
| | | | | |
| | | | | |
| | | | | |
| | | | | |
| | | | | |
| 值班室主任 | | | | |
| 值班室副主任 | | | | |

## ××公司生产安全事故应急处置卡 2

### 应急指挥中心办公室

| | | |
|---|---|---|
| 组成 | 应急指挥中心办公室设在生产部，由生产部、安全环保部和办公室组成。<br>主任：由公司分管领导担任<br>副主任：生产部部长、安全环保部部长、办公室主任 | |
| 序号 | 行动内容 | 执行情况(√) |
| 1 | 全面跟踪、了解生产安全事故的发展动态及处置情况，及时向应急指挥中心汇报 | |
| 2 | 保持各应急工作组之间的信息沟通渠道，与各应急工作组负责人沟通，汇总、传递相关信息 | |
| 3 | 负责召集应急会议，做好会议记录，并形成纪要 | |
| 4 | 负责生产营运指挥系统的运维监管，应急状态下迅速启动信息快速交换的通道，并保持畅通 | |
| 5 | 按照应急指挥中心指令，向地方政府主管部门(应急办公室、安监局、环保局等)报告和求援 | |
| 6 | 负责应急指挥中心交办的其他任务 | |
| 7 | 其他 | |

## ××公司生产安全事故应急处置卡 2

### 集团公司及地方政府主要联系电话

| 单　位 | 值班电话 | 传真 |
|---|---|---|
| 总部生产调度指挥中心 | | |
| 总部办公厅总值班室 | | |
| ××市应急办公室/总值班室 | | |
| ××市安全生产监督管理局 | | |
| ××市公安局 | 110 | |
| ××市国资委党委宣传工作处 | | |
| ××区应急办公室 | | |
| ××区总值班室 | | |
| ××区安全生产监督管理局 | | |
| ××区区委宣传部 | | |
| ××区应急办公室 | | |
| ××区总值班室 | | |
| ××区安全生产监督管理局 | | |

### 应急指挥中心主要成员联系电话

| | | | | |
|---|---|---|---|---|
| 主任 | | 副总经理 | | |
| | | 总经理助理 | | |
| 副主任 | | 生产部部长 | | |
| | | 安全环保部部长 | | |
| | | 办公室主任 | | |
| 应急指挥值班室副主任 | | 副总调度长 | | |

## ××公司生产安全事故应急处置卡 3

### 现场应急指挥部

| 组成 | 现场指挥及成员由××应急指挥中心根据事故情况指派。 | |
|---|---|---|
| 序号 | 行动内容 | 执行情况(√) |
| 1 | 负责现场应急指挥工作，执行应急指挥中心指令 | |
| 2 | 收集现场信息，核实现场情况，针对事态发展制定和调整现场应急处置方案并组织实施 | |
| 3 | 负责整合、调配现场应急资源，根据现场情况及时向应急指挥中心提出求援申请 | |
| 4 | 及时向应急指挥中心和地方政府汇报应急处置情况 | |
| 5 | 组织、协调、指挥现场各应急专业组及二级单位应急救援工作 | |
| 6 | 收集、整理应急处置过程的有关资料 | |
| 7 | 核实应急终止条件，并向应急指挥中心请示应急终止 | |
| 8 | 其他 | |

## ××公司生产安全事故应急处置卡 3

### 主要协作单位联系电话

| 单　　位 | 值班电话 | 传真 |
| --- | --- | --- |
| 总部生产调度指挥中心 | | |
| 总部办公厅总值班室 | | |
| ××区应急办公室 | | |
| ××区总值班室 | | |
| ××安全生产监督管理局 | | |

### 应急救援单位

| 单　位 | 姓　名 | 办公电话 | 手　　机 |
| --- | --- | --- | --- |
| ××公司 | | | |
| ××公司 | | | |
| ××公司 | | | |
| ××公司 | | | |

### 主要应急资源及来源

| 类型 | 名　　称 | 规格型号 | 数量 | 所属单位 |
| --- | --- | --- | --- | --- |
| 车辆类 | 通讯指挥消防车 | FXZ25 | 1 | |
| | 抢险救援器材车 | | 1 | |
| | 消防车 | | 27 | |
| | 救护车 | CA5020XJH | 1 | |
| 工程抢险类 | 双相异动锯 | CDC2235 | 1 | |
| | 排烟机 | G100HONOA/1. 25 | 1 | |
| | 强磁堵漏板 | 神封软体、压力 2MPa | 2 | |

××公司生产安全事故应急处置卡 4

技术处置组

| 组成 | 组长单位：生产部<br>成员单位：技术质量部、经营计划部 | |
|---|---|---|
| 序号 | 行 动 内 容 | 执行情况(√) |
| 1 | 收集现场信息，核实现场情况 | |
| 2 | 针对生产安全事故提出技术处置建议和方案 | |
| 3 | 组织制定现场应急处置方案 | |
| 4 | 协调和维持事发单位和波及单位的生产平衡 | |
| 5 | 协调原辅料供应 | |
| 6 | 调动、协调公司内、外部专家 | |
| 7 | 其他 | |

## ××公司生产安全事故应急处置卡 4

### 主要联系电话

| 姓　名 | 职　　务 | 办 公 电 话 | 手机 |
|---|---|---|---|
| | 生产部部长 | | |
| | 技术质量部副部长 | | |
| | 经营计划部部长 | | |

### 公司内、外部专家联系电话

| 姓名 | 专 业 特 长 | 办 公 电 话 | 手机 |
|---|---|---|---|
| | 应急专家 | | |
| | 设备专家 | | |
| | 电气专家 | | |
| | 仪表专家 | | |
| | 安全专家 | | |
| | 消防专家 | | |
| | 防腐专家 | | |
| | 计算机专家 | | |
| | 安全专家 | | |
| | 化工工艺专家 | | |
| | 设备专家 | | |
| | 电气专家 | | |

## ××公司生产安全事故应急处置卡 5

### 应急救援组

| 组成 | 组长单位：消防支队<br>成员单位：保卫部、地方消防队、××石化和联防灭火区域华北片成员单位消防队 | |
|---|---|---|
| 序号 | 行 动 内 容 | 执行情况(√) |
| 1 | 组织调动、协调公司内、外部消防应急救援队伍 | |
| 2 | 进行现场救护 | |
| 3 | 组织现场灭火、洗消 | |
| 4 | 布置现场保卫和警戒工作 | |
| 5 | 负责对抢修现场进行保护 | |
| 6 | 负责配合联防协助单位协同作战 | |
| 7 | 负责人员疏散及交通管制 | |
| 8 | 其他 | |

## ××公司生产安全事故应急处置卡 5

### 主要联系电话

| 姓名 | 职　　务 | 办公电话 | 手机 |
|---|---|---|---|
| | 消防支队支队长 | | |
| | 保卫部部长 | | |
| | ××石化消防支队支队长 | | |
| | ××消防支队支队长 | | |
| 公司调度 | | | |

### 主要应急资源及来源

| 类型 | 名称 | 规格型号 | 数量 | 所属单位 |
|---|---|---|---|---|
| 车辆类 | 通讯指挥消防车 | FXZ25 | 1 | |
| | 抢险救援器材车 | | 1 | |
| | 消防车 | | 27 | |
| | 救护车 | CA5020XJH | 1 | |
| 工程抢险类 | 双相异动锯 | CDC2235 | 1 | |
| | 排烟机 | G100HONOA/1. 25 | 1 | |
| | 强磁堵漏板 | 神封软体、压力 2MPa | 2 | |
| 船舶类 | 救生筏 | | 3 | |
| 生命救助类 | 救生衣 | | 150 | |

××公司生产安全事故应急处置卡 6

## 工程抢险组

| 组成 | 组长单位：设备管理部<br>成员单位：工程部、物资装备部 | |
|---|---|---|
| 序号 | 行动内容 | 执行情况(√) |
| 1 | 根据现场勘查，确认需抢修的设备 | |
| 2 | 针对事故破坏情况，确定现场紧急修复作业方案 | |
| 3 | 组织调动、协调公司内、外应急协作的检维修、工程施工单位进行现场抢险 | |
| 4 | 掌握抢修情况，及时向指挥部汇报进度及现场状况 | |
| 5 | 负责对损坏设备设施的修复、检验、恢复 | |
| 6 | 其他 | |

××公司生产安全事故应急处置卡 6

## 主要联系电话

| 姓名 | 职　务 | 办公电话 | 手机 |
|---|---|---|---|
| | 设备管理部部长 | | |
| | 工程部部长 | | |
| | 物资装备部经理 | | |
| | ××公司董事长 | | |
| | ××公司董事长 | | |
| | ××公司董事长 | | |
| | ××公司董事长 | | |

## 主要应急协作单位及资源

××公司：大型吊装机械、带压堵漏机具等。

××公司：运输车辆、大型挖掘机、铲车等。

××公司：乙烯设备抢险。

××公司：炼油设备抢险。

××公司：真空吸油车、物料收集桶、物料收集泵、隔膜泵等。

××公司生产安全事故应急处置卡 7

## 环境监测组

| 组成 | 组长单位：安全环保部<br>成员单位：职业健康与环境中心 | |
|---|---|---|
| 序号 | 行 动 内 容 | 执行情况(√) |
| 1 | 带上检测仪器迅速赶赴现场 | |
| 2 | 对事故现场周边进行大气毒害物的监测 | |
| 3 | 对排水系统进行检查，进行水体污染监测。 | |
| 序号 | 行 动 内 容 | 执行情况(√) |
| 4 | 组织对事故现场周围进行不间断的监测 | |
| 5 | 将监测结果及时报现场指挥部 | |
| 6 | 其他 | |

××公司生产安全事故应急处置卡 7

## 主要联系电话

| 姓名 | 职　　务 | 办公电话 | 手机 |
|---|---|---|---|
| | 安全环保部部长 | | |
| | 职业健康与环境中心主任 | | |
| 公司调度 | | | |

## 主要应急资源

职业健康与环境中心：大气、环境、水体监测设备，监测车。

××公司生产安全事故应急处置卡 8

## 医疗救护组

| 组成 | 组长单位：综合管理部<br>成员单位：消防支队、安全环保部、医院（协议单位） | |
|---|---|---|
| 序号 | 行 动 内 容 | 执行情况（√） |
| 1 | 对受伤、中毒人员的医疗救护 | |
| 2 | 组织调动、协调公司内、外部医疗救护资源 | |
| 3 | 调动、协调公司内、外部医疗专家 | |
| 4 | 负责受伤、中毒人员运送和救护 | |
| 5 | 其他 | |

××公司生产安全事故应急处置卡 8

## 主要联系电话

| 姓名 | 职　　务 | 办公电话 | 手机 |
|---|---|---|---|
| | 综合管理部部长 | | |
| | 消防支队支队长 | | |
| | 安全环保部部长 | | |
| 医院 | | 120 | |
| 公司调度 | | | |

## 主要应急资源及来源

消防支队：气防车、担架、急救药品、生命探测仪、空呼等。

医院：是一所二级甲等医保定点综合医院，设有内科、外科、妇科、儿科等 22 个临床专业科室，检验、放射、功能等 13 个医技科室，开设病床 302 张，在创伤性外科急救等方面形成了特色。开通了 120 急救电话，三辆救护车 24 小时待命。

××公司生产安全事故应急处置卡 9

## 资源协调组

| 组成 | 组长单位：生产部<br>成员单位：物资装备部、设备管理部、工程部、综合管理部 | |
|---|---|---|
| 序号 | 行 动 内 容 | 执行情况(√) |
| 1 | 协调和调动应急救援队伍、装备和物资 | |
| 2 | 组织协调应急物资的快速采购和运送渠道 | |
| 3 | 其他 | |

××公司生产安全事故应急处置卡 9

## 主要联系电话

| 姓名 | 职 务 | 办公电话 | 手机 |
|---|---|---|---|
| | 生产部部长 | | |
| | 物资装备部经理 | | |
| | 设备管理部部长 | | |
| | 工程部部长 | | |
| | 综合管理部部长 | | |

## 主要应急资源及来源

| 类型 | 名 称 | 规 格 型 号 | 数量 | 所属单位 |
|---|---|---|---|---|
| 车辆类 | 通讯指挥消防车 | FXZ25 | 1 | |
| | 抢险救援器材车 | | 1 | |
| | 消防车 | | 27 | |
| | 救护车 | CA5020XJH | 1 | |
| 工程抢险类 | 双相异动锯 | CDC2235 | 1 | |
| | 排烟机 | G100HONOA/1. 25 | 1 | |
| | 强磁堵漏板 | 神封软体、压力：2MPa | 2 | |
| 照明设备类 | 自动泛光灯 | SFW6110B | 2 | |
| 工程材料类 | 木桩、编织袋、麻袋等 | | | |

## ××公司生产安全事故应急处置卡 10

### 公共关系与后勤组

| 组成 | 组长单位：办公室<br>成员单位：宣传部、企业管理部、人事部、纪委、综合管理部、保卫部、信息档案管理中心 | |
|---|---|---|
| 序号 | 行动内容 | 执行情况(√) |
| 1 | 协调公共关系，提供法律支持，做好应急过程中的后勤保障 | |
| 2 | 收集、跟踪新闻媒体、网络、社会公众等各方面舆情信息 | |
| 3 | 负责新闻稿、公告、信息发布材料和上报材料的起草工作 | |
| 4 | 根据应急指挥中心指令，组织对外信息发布 | |
| 5 | 负责与媒体、内部员工及利益相关方的沟通和告知 | |
| 6 | 分析事故处置的法律责任，提供法律支持 | |
| 7 | 确保现场实时记录(录音、录像)及时录制和保存 | |
| 8 | 确保应急通信、信息网络的畅通 | |
| 9 | 负责应急指挥中心应急过程中的交通、食宿、保卫等后勤保障工作 | |
| 10 | 其他 | |

## ××公司生产安全事故应急处置卡 10

### 主要联系电话

| 姓名 | 职　　务 | 办公电话 | 手机 |
|---|---|---|---|
| | 办公室主任 | | |
| | 党委宣传部部长 | | |
| | 企业管理部部长 | | |
| | 人事部部长 | | |
| | 纪委副书记 | | |
| | 综合管理部部长 | | |
| | 保卫部部长 | | |
| | 信息档案管理中心主任 | | |
| 公司调度 | | | |

××公司生产安全事故应急处置卡 11

## 资金保险组

| 组成 | 组长单位：财务部<br>成员单位：人事部、发展计划部、安全环保部、企业管理部、纪委、审计部 | |
|---|---|---|
| 序号 | 行 动 内 容 | 执行情况(√) |
| 1 | 落实应急物资、应急处置等应急资金 | |
| 2 | 处理保险和理赔 | |
| 3 | 分析财务风险并提供应对策略 | |
| 4 | 其他 | |

××公司生产安全事故应急处置卡 11

## 主要联系电话

| 姓名 | 职　　务 | 办公电话 | 手机 |
|---|---|---|---|
| | 财务部部长 | | |
| | 人事部部长 | | |
| | 发展规划部部长 | | |
| | 安全环保部部长 | | |
| | 企业管理部部长 | | |
| | 纪委副书记 | | |
| | 审计部部长 | | |
| 公司调度 | | | |

## 2. ××公司车间应急处置卡(节选)

### ××车间生产安全事故应急处置卡 1

**预分馏装置紧急停车现场处置方案**

| 现象 | 处　置 | 负责人 |
|---|---|---|
| 由于外界因素，或装置紧急处理事故，需立即停车，确保安全 | 1. 通知部调度、车间值班人员 | 值班长 |
| | 2. 通知车间主任 | 值班人员 |
| | 3. 通知工艺员、安全工程师和设备员 | 车间主任 |
| | 4. 车间主任、技术员协同值班长指挥事故处理 | 车间主任 |
| | 5. 停止向预加氢进料：停 P－101C/D 泵，关闭 FV1102，加氢反应系统负荷通过开大直馏重石脑油 FIC1001 进料量保持 | 内操、外操 |
| | 6. 切断 C－102 进料：通知公用工程停 P－50407/50408 泵，关闭 FV1101 调节阀，停止向 C－102 进料 | 外操、内操 |
| | 7. C－102 全回流：关闭 FV1106，通知调度停止向乙烯供料 | 外操、内操 |
| | 8. C－102 降温：逐渐关闭 FV1103，C－102 以 30℃/h 降温 | 内操 |
| | 9. 停回流泵：当 D－108 液位低时(10%)，停回流泵 P－107 | 外操 |
| | 10. 停塔底再沸：当 C－102 底温度降至 100℃时，关闭 E－108，关闭 FV1103 | 外操 |
| | 11. 系统退料：通过 E－109 退料 | 外操 |
| | 12. 停空冷器：停 A－103A/B | 外操 |
| | 13. 系统泄压：关闭 PV1101A 及 D－204 出口闸阀，打开 PV1101B 泄压 | 内操、外操 |

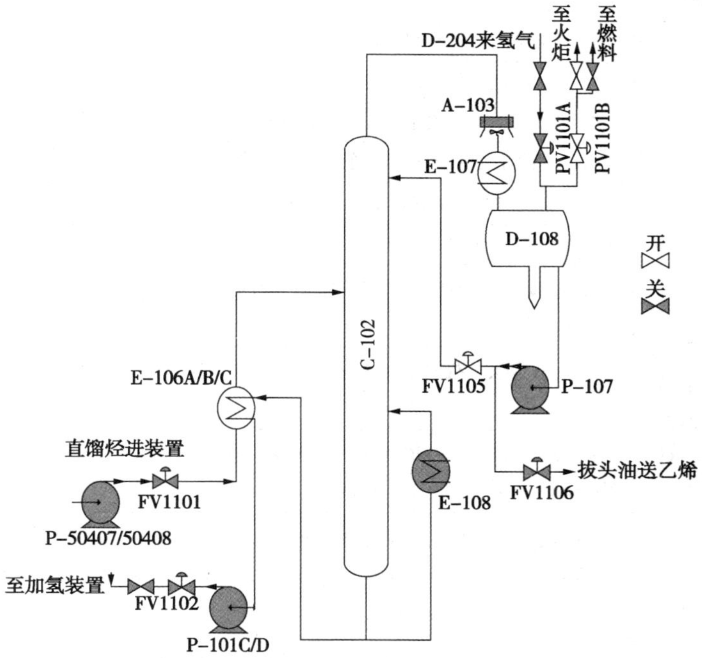


预分馏装置紧急停车处置流程图

## ××车间生产安全事故应急处置卡 2

### 吸附分离装置紧急停车现场处置方案

| 现象 | 处　置 | 负责人 |
|---|---|---|
| 由于外界因素，或装置紧急处理事故，需立即停车，确保安全 | 1. 通知部调度、车间值班人员 | 值班长 |
| | 2. 通知车间主任 | 值班人员 |
| | 3. 通知工艺员、安全工程师和设备员 | 车间主任 |
| | 4. 车间主任、技术员协同值班长指挥事故处理 | 车间主任 |
| | 5. 外操把 PX 产品切向 D-602 | 外操 |
| | 6. 内操逐渐关小 FV-6030A/B、FV6037A/B | 内操 |
| | 7. 外操停 C-602、C-603、C-604 塔底泵，视液位停塔顶泵 | 班长 |
| | 8. 班长带领外操开公共吸入口阀，RV 离座，停循环泵、冲洗泵 | 班长 |
| | 9. 停 P-601，关 FIC-6017 调节阀及一、二次阀。关 FIC-6034 调节阀及一、二次阀 | 外操 |
| | 10. 减少 F、D，外操停 P-403，内操关 FIC6002、FIC6006、FIC6013、PIC6015、PIC6008、PIC6007 调节阀，外操关闭一、二次阀 | 内操 |
| | 11. 关封头冲洗进出、拱顶密封调节阀，外操关闭一、二次阀 | 内操 |

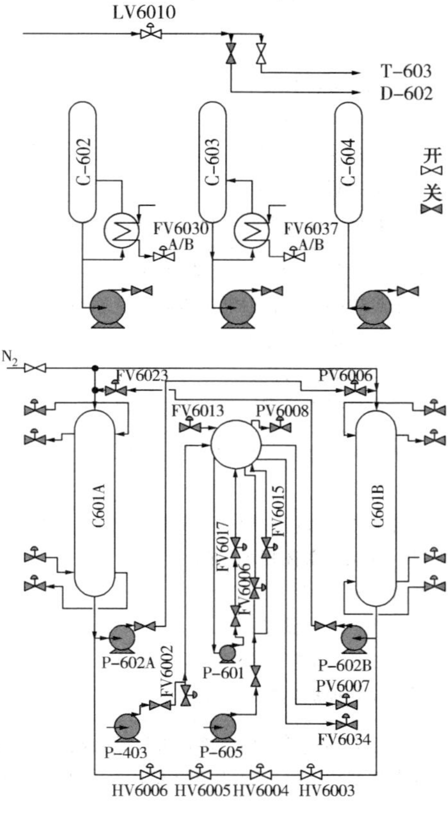


吸附分离装置紧急停车处置流程图

## ××车间生产安全事故应急处置卡 5

### 四合一加热炉炉管破裂现场处置方案

<table>
<tr><th>现象</th><th>处　置</th><th>负责人</th></tr>
<tr><td rowspan="5">炉膛飞温，烟道温度急剧上升，烟囱冒黑烟</td><td>1. 立即向部调度报告。<br>2. 紧急停炉并报火警。<br>3. 根据指令组织装置停车。<br>4. 关闭烟道挡板 PIC-2011。<br>5. 关闭燃料调节阀门 PV-2006、2010、2014、2018</td><td>内操</td></tr>
<tr><td>1. 立即向车间领导(车间值班人员)报告。<br>2. 成为现场中指挥员，启动炉管破裂应急预案。<br>3. 负责设置警戒区，保护现场。<br>4. 负责停止现场一切作业。<br>5. 负责指挥外操人员进行装置的紧急停车</td><td>值班长</td></tr>
<tr><td>1. 现场所有人员佩带合格劳动保护用具、根据指令进行装置紧急停车。<br>2. 切断现场燃料阀门，熄灭全部燃烧器，关闭物料进出口阀 FIC-2002；关闭现场风门。<br>3. 打开灭火蒸汽。<br>4. 慢慢将物料压到储存罐。<br>5. 使炉膛处于“隔绝”状态并处理好相关装置。<br>6. 必要情况其他加热炉也必须停</td><td>外操</td></tr>
<tr><td>1. 接报告后立即赶赴现场，接替班长成为现场指挥者。<br>2. 根据事件变化情况，向部领导及时报告和反馈现场事故发展状态。<br>3. 通知车间安全、工艺、设备管理人员赶赴现场，辅助指挥、参与事故处理</td><td>车间领导(车间值班人员)</td></tr>
<tr><td>接车间领导的通知后，在各自的专业范围内辅助指挥、参与事故处理</td><td>安全工程师、工艺员、设备员</td></tr>
</table>

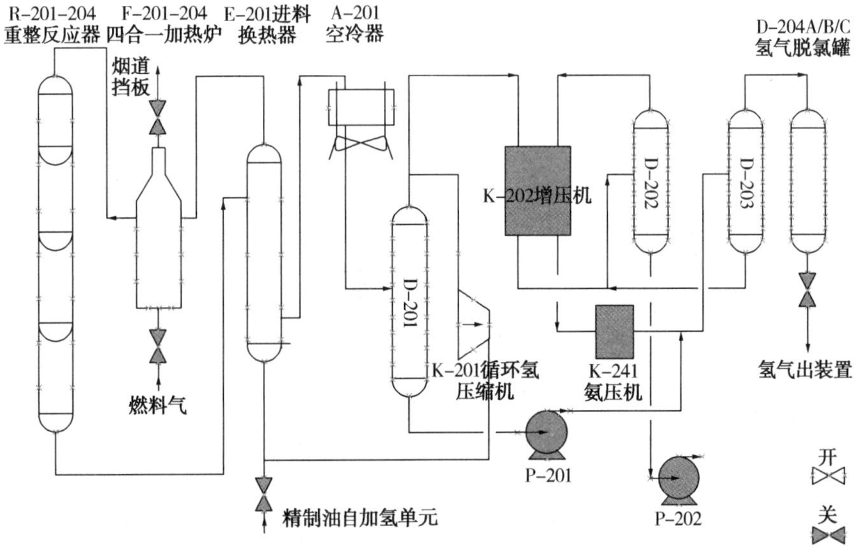


四合一加热炉炉管破裂处置流程图

## ××车间生产安全事故应急处置卡 6

### D-104、D-103 及其管线硫化氢泄漏中毒事故现场处置方案

| 现象 | 处　　置 | 负责人 |
|---|---|---|
| D-104、D-103 及其管线硫化氢泄漏、中毒 | 1. 立即向值班长和内操报告 | 发现事件第一人 |
| | 2. 通知部调度、车间主任(车间值班人员) | 值班长 |
| | 3. 通知工艺员、安全工程师和设备员 | 车间主任 |
| | 4. 车间主任、技术员协同值班长指挥事故处理 | 车间主任 |
| | 5. 硫化氢对人体的毒害较大，参加事故处理的人员必须佩戴防毒面具 | 进入事故现场人员 |
| | 6. 迅速从事故柜中取出空气呼吸器，并正确佩戴 | 外操、班长 |
| | 7. 若现场泄漏影响范围大，立即从周边装置事故柜中借用空气呼吸器。 | 外操、班长 |
| | 8. 2 人配合将中毒人员抬至远离事故现场的上风口，进行抢救 | 抢救人员 |
| | 9. 由气防站急救车将中毒人员送至医院作进一步治疗和处理 | 抢救人员 |

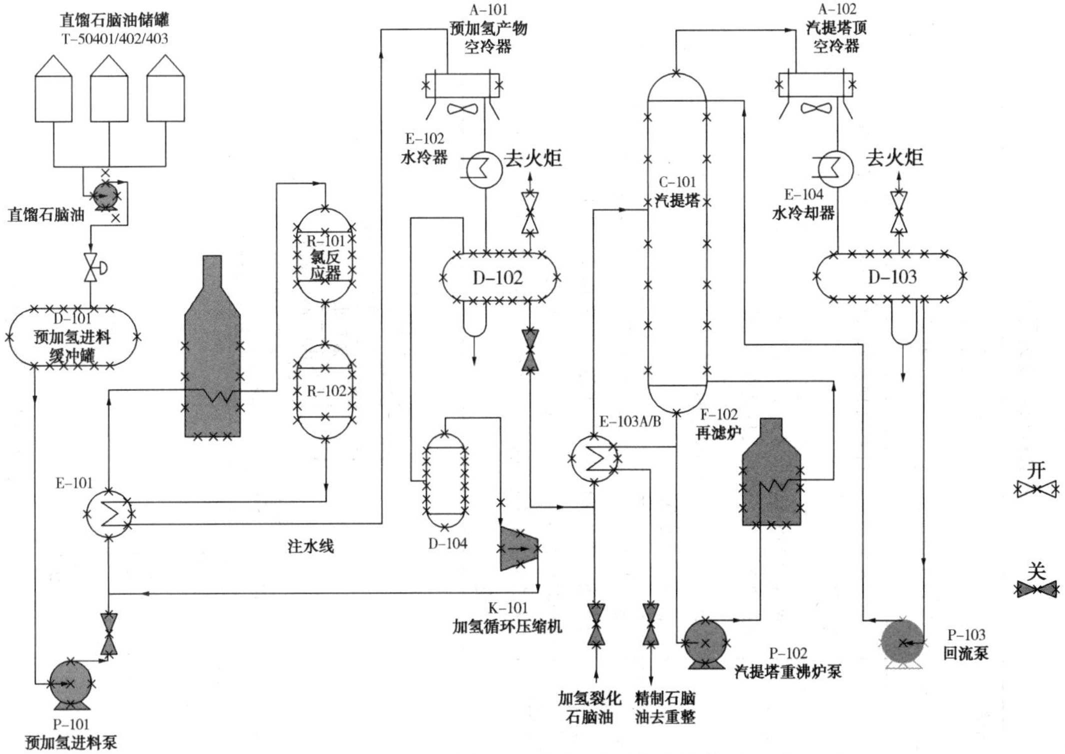


D-104、D-103及其管线硫化氢泄漏中毒事故处置流程图

## ××车间生产安全事故应急处置卡 9

### T 罐顶着火现场处置方案

| 步骤 | 处　置 | 负责人 |
|---|---|---|
| 现场发现 | 发现 T 罐顶起火(假想该罐正在收料) | 发现火情第一人 |
| 报警 | 向中控室报告：T1 罐罐顶石脑油起火燃烧，现场没有人员受伤 | 发现火情第一人 |
| | 向公司 119/120 报警：化工部大芳烃车间 T1 直馏石脑油罐罐顶着火、没有人员受伤，报警人××× | 值班长 |
| | 向厂应急响应中心及车间领导报告 T1 罐罐顶着火、现场没有人员受伤 | 副值班长 |
| 应急程序启动 | 通知其他岗位人员增援：T 罐罐顶着火、现场没有人员受伤；请各岗位留守一人维持正常作业，其他人员立即到原料罐区集合，由值班长指挥开展应急抢险，请无关人员及施工人员立即沿上风向、到紧急集合点集中(重复数遍) | 值班长 |

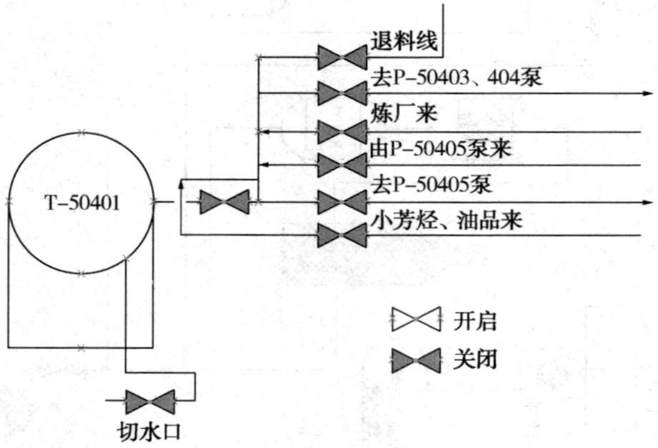


T 罐顶着火处置流程图

## ××车间生产安全事故应急处置卡 90

### 液化气系统泄漏现场处置方案

| 现象 | 处　置 | 负责人 |
| --- | --- | --- |
| 液化气管线、法兰、阀门以及软管和接头泄漏 | 1. 立即向班长和内操报告 | 发现事件第一人 |
| | 2. 泄漏出的物料成雾状蒸气时，与空气混合后会形成爆炸性混合物，这时危险性较大，注意防护 | 外操 1 |
| | 3. 班长、外操人员在现场处理立即采取措施减小泄漏量，或使装置紧急停车、降压，需要内操人员配合的应及时联系内操人员 | 班长<br>外操 |
| | 4. 班长在组织外操人员自救的同时，应迅速将事故发生地点和性质通知中控，由中控人员报警并通知调度，由调度向厂有关部门汇报 | 班长 |
| | 5. 班长向车间值班人员汇报，在厂有关部门的指示下进行装置停车或局部停车 | 班长 |
| | 6. 车间领导组织当班人员进行局部停车或紧急停车 | 车间<br>值班领导 |

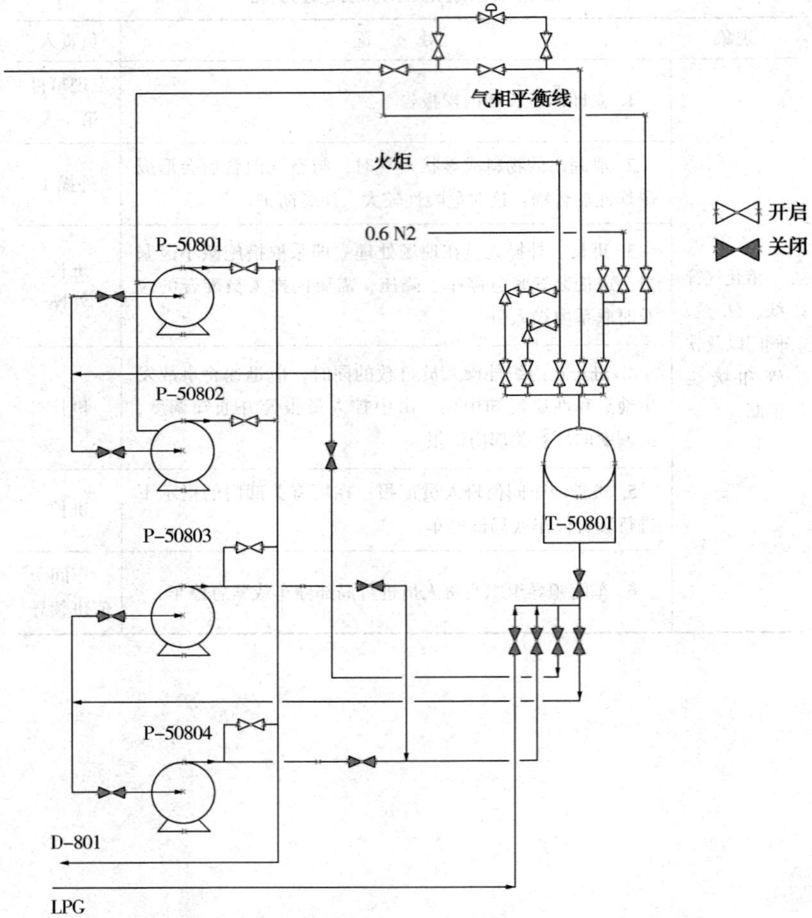


液化气系统泄漏（T 罐来料线罐根法兰泄漏）处置流程图

# 附录 3 化学事故应急救援单位联系方式

1. 各地火警电话：119
2. 各地报警电话：110
3. 各地医疗急救电话：120
4. 国家安全生产监督管理总局化学品登记中心

   国家化学事故应急咨询电话：0532-83889090（24 小时）
5. 国家中毒控制中心

   24 小时热线电话：010-83132345，63131122
6. 国家中毒控制中心河南分中心（河南省职业病防治研究所）

   热线电话：0371-66959721，66967348
7. 国家中毒控制中心广东分中心（广东省职业病防治院）

   24 小时热线电话：020-84198181
8. 国家中毒控制中心沈阳网络医院（沈阳市第九人民医院）

   24 小时热线服务电话：024-25718880，25718881
9. 国家中毒控制中心徐州网络医院（徐州第三人民医院）

   热线电话：0516-83575037（日），83770936（24 小时）
10. 上海市中毒控制中心

    咨询电话：021-62951860，62758710-1720

## 参 考 文 献


[1] 邢娟娟. 企业重大事故应急管理与预案编制[M]. 北京：航空工业出版社，2005.

[2] 国家安全生产应急救援指挥中心. 危险化学品应急救援[M]. 北京：煤炭工业出版社，2008.

[3] 中国疾病预防控制中心. 最新实用危险化学品应急救援指南[M]. 北京：中国协和医科大学出版社，2003.

[4] 任树奎. 危险化学品常见事故与防范对策[M]. 北京：中国劳动社会保障出版社，2004.

[5] 方文林. 危险化学品基础管理[M]. 北京：中国石化出版社，2015.

[6] 方文林. 危险化学品法规标准[M]. 北京：中国石化出版社，2015.

[7] 方文林. 危险化学品应急处置[M]. 北京：中国石化出版社，2015.